U0113190

气味

Atlante degli odori ritrovati

博物馆

[意]

罗伯塔·戴安娜

著

杨和晴

译

浙江人民出版社

图书在版编目（CIP）数据

气味博物馆 /（意）罗伯塔·戴安娜著 ；杨和晴译 . — 杭州 ：浙江人民出版社，2023.8

ISBN 978-7-213-11123-5

Ⅰ. ①气… Ⅱ. ①罗… ②杨… Ⅲ. ①气味-普及读物 Ⅳ. ①Q434-49

中国国家版本馆CIP数据核字（2023）第116734号

气味博物馆

QIWEI BOWUGUAN

［意］罗伯塔·戴安娜　著　杨和晴　译

出版发行：浙江人民出版社（杭州市体育场路347号　邮编 310006）

　　　　　市场部电话：(0571)85061682　85176516

责任编辑：祝含瑶

责任校对：姚建国

责任印务：幸天骄

封面设计：宋哲琦　厉 琳

电脑制版：杭州兴邦电子印务有限公司

印　　刷：浙江海虹彩色印务有限公司

开　　本：787毫米×1092毫米　1/32　　印　　张：7.875

字　　数：196千字　　　　　　　　　　插　　页：1

版　　次：2023年8月第1版　　　　　　印　　次：2023年8月第1次印刷

书　　号：ISBN 978-7-213-11123-5

定　　价：68.00元

如发现印装质量问题，影响阅读，请与市场部联系调换。

致玛利埃拉，
以及所有致力于以美救世的人们。

致那些善感的人，
他们的生活因某种气味，
或某一天而改变。

你确实可以自行想象，并且深信不疑。但是随后一抹偶然的色彩出现在房间里，或出现在清晨的天空，你曾经深爱过的某种特别的气味将那快要逝去的记忆带回你的脑海，你的眼下又重新跳出那句你已忘却的诗，你曾经中断演奏的乐章还剩一些余音——我跟你说，道林，我们的生活依附着这些东西……有些时候，我突然闻见白色丁香花的香气，我会发现自己又回到了那个时候，那是我生命中最奇特的一个月份。

奥斯卡·王尔德《道林·格雷的画像》

你可以看到一个古瓶，余香犹存，

从中冒出个复活过来的灵魂。

在沉重的黑暗之中悄悄地颤动，

现在鼓起它们的羽翼翩翩飞翔，

染成蓝色，涂上蔷薇色泽和金光。[1]

夏尔·波德莱尔《香水瓶》

1　译文出自：[法]波德莱尔著，钱春绮译，《恶之花　巴黎的忧郁》，人民文学出版社，
　　1996，第110页。——译者注

推荐

安东尼奥 · 亚历山德里亚　调香师、同名艺术香水品牌创始人

　　嗅觉是难以用词汇描述的记忆语言。在这本书里，罗伯塔 · 戴安娜描述并分析了这种语言中最普遍、最古老的"单词"，也就是每个人都保留在认知记忆中的气味。还有什么比共享记忆、共享其唤起的联想更吸引人的呢？阅读这本书就像翻阅一本嗅觉拼写书，它将唤起人们被遗忘的记忆和沉睡的情感，同时赋予这些记忆和情感某种形式，这在科学和艺术层面上都令人兴奋。

米欧 · 法修尼　调香师、同名艺术香水品牌创始人

　　这是一段激动人心的、穿越记忆的旅程。我重读了这本书很多次，每次我都能发现自己记住了生活中新的嗅觉碎片。《气味博物馆》是一场发现之旅，像极了一台运送我们的时光机器，穿越气味，找回旧时的情感记忆。

卢卡 · 马菲　调香师

　　嗅觉记忆是我们所拥有的最长久的记忆！我们需要训练和扩展它，以便最大程度地充实我们的日常生活。气味是我们24小时生活中的基本组成部分，而一年有365天！《气味博物馆》可以作为一项工具，帮助我们体验真实的当下。

目录

\ 第九章 香水专家 \

序言

当喀迈拉说出那句庄严且富有魔力的话语时，
他从头到脚打了个激灵，
这头怪物说："我找寻着新鲜的气味，更加多样的繁花，
以及从未体验过的愉悦。"

若利斯-卡尔·于斯曼《逆流》

嗅觉是五感中最难以捉摸、神秘且为人所忽视的。它就在那里，沉默着隐去身形：大部分时间里我们甚至都不会注意到，几乎将它的存在视作理所当然。然后在突如其来的某一刻，它跳出来，将能量悉数释放。

嗅觉的超能力有两种。一种正是令人惊奇的能力：它给我们时间去忘记它，降低对它的防备，就为了更有力地击中我们的心。另一种超能力是情感，因为嗅觉与任何一种我们所爱的气味相连，这背后有一种心境、一个回忆、一段令人感动的过往在其中急剧爆裂开来，而我们对此毫无察觉，除非已被它的超能力所攫取。

嗅觉有多沉默，它的力量就有多强大。这是无形之凯旋，无量之胜利，每当我们鼻腔内的神经捕捉到一些气味分子时，嗅觉就悄悄起了作用。换言之，这个过程真是再常见、再频繁不过了。

我们的祖先熟知气味：从苏美尔人到埃及人，气味又穿越古希

腊、古罗马、阿拉伯的菲利克斯，最后进入了《圣经》的《旧约》中。在这段旅程中，气味是嗅觉能捕获到的最鲜明的刺激，它具有一种宗教功能。事实上，气味在诞生之初就几乎是一种具有神性的物质，用以献祭神祇，人们通常在宗教仪式上进行焚烧，或者制作膏体，将其涂抹在身上来净化躯体，并使信徒的精神进入愈加靠近神明的境界。

"气味（profumo）"这个名词源自拉丁语"fumum（通过烟雾）"，我们可以在此间发现这些古老仪式留下的痕迹：这个词实际上指的是这样一些时刻——当人们焚烧草木等香材以飨众神时，它们的芬芳在燃烟中得到了完全的释放。气味的神秘力量便是体现于此，它是一种与超自然世界进行沟通的渠道。

嗅觉着实是一种与众不同的感觉：它不似触觉或味觉一般依靠接触，而是极度依靠身体的自发反应；同听觉和视觉一样，嗅觉是有距离的，然而一旦被它捕获，任何时空距离似乎都会消弭。毫无疑问地，嗅觉看上去十分玄妙，但它仍然有一个相当明确的生理作用解释：其他感官将刺激直接传输至负责调节基本生命功能的脑干，而嗅觉刺激则止于海马体和杏仁核，这两处大脑区域分别负责记忆和情感。总之，嗅觉注定与记忆纠缠不清，它蛰伏在表层意识下，随时准备着在最出其不意的瞬间唤醒沉睡的回忆，给我们以惊喜。

气味与情感回忆的联结大部分都淹没于潜意识之中，其体量超乎人们想象。某些研究显示，与其他感觉不同，嗅觉会被悲伤或抑郁的情感状态削弱。还有其他研究发现，即便在有潜在压力的临床环境下，气味也有使情绪"由阴转晴"的能力。[1]另外，与嗅觉有关的记忆不仅更加持久，后续不易被人为修改，而且相较于其他感觉，记忆能使杏仁核处于更加活跃的状态。

简言之，气味具有激发我们情感反应的特殊能力。

> 壁炉中木头燃烧的气味能使人感觉像回到山中的小屋，铅笔和彩色卡片的味道能使人像再一次坐在了学校的课桌前，雪茄的气味让我们似乎又一次看见了自己的爷爷，并重温与那些时刻相关的各种情感。

这是一种"玛德莱娜（Madeleine）"效应，这个名字出自普鲁斯特的皇皇巨著《追忆似水年华》中的第一部《去斯万家那边》中，泡在茶水中的一小块玛德莱娜蛋糕唤醒了主人公的回忆，"然而，回忆却突然出现了：那点心的滋味就是我在贡布雷时某一个星期天早晨吃到过的'小玛德莱娜'的滋味（因为那天我在做弥撒前没有出门），我到莱奥尼姨妈的房内去请安，她把一块'小玛德莱娜'放到不知是茶叶泡的还是椴花泡的茶水中去浸过之后送给我吃。见到那种点心，我还想不起这件往事，等我尝到味道，往事才浮上心头……但是气味和滋味却会在形销之后长期存在，即使人亡物毁，久远的往事了无陈迹，唯独气味和滋味虽说更脆弱却更有生命力；虽说更虚幻却更经久不散，更忠贞不贰，它们仍然对依稀往事寄托着回忆、期待和希望，它们以几乎无从辨认的蛛丝马迹，坚强不屈地支撑起整座回忆的巨厦"[2]。嗅觉是人出生之后的第一个学习

1　威廉·雷德（William Redd）和莎朗·曼尼（Sharon Manne）研究了天芥菜素的使用，这是一种具有甜味和香草味的气味分子，用于减轻接受磁共振检查的患者的压力，引自 Molly Birnbaum, *Season to Taste: How I Lost My Sense of Smell and Found My Way*, Portobello, London 2011。（注释中未注明译者注的皆为原注。）

2　译文出自：[法]普鲁斯特著李恒基、徐继曾等译，《追忆似水年华（上）》，译林出版社，2005，pp29-30。——译者注

工具，而视觉要在六个月之后才开始发育，嗅觉早在视觉之前就开始帮助新生儿辨认母亲以及周围的一切。接着，这个沉默的朋友伴随我们一同成长，时不时地记录下各式各样的人、地点和情景的气味，以及对应的情感，这些记忆在我们最没有防备之时不期而至。一路走来，人们通过嗅觉记住了熟悉的气味并学会了下意识地寻找它们，还习得了与气味相关的社会判断能力——哪些是正确的，哪些是错误的，哪些是令人愉悦的，哪些是令人避之不及的，由此，嗅觉创建了自己的气味库。

然而气味真的如此重要吗？

虽然嗅觉是人类最不发达的感觉，但是灵敏的嗅觉能够帮助我们辨别燃烧的气味（比如一道正在烹煮的主菜，或是火灾时冒出的烟雾），食物变质的气味，或是提醒我们注意煤气泄漏。[1]总而言之，虽然我们现在已无须通过追踪捕食者和猎物的气味痕迹来保证下一顿的食物，但是嗅觉仍然有助于我们的生存。嗅觉还在人们潜意识层面的交流过程中发挥作用，它显然对性吸引力有所影响，但更多的时候我们在无意识地用气味来交流最深层的情感。最近的一项研究显示恐惧也有气味[2]，比如关于压力，在某些特定的焦虑状态下，汗液中具有某种信息素，我们的嗅觉系统可以在潜意识层面对其进行分辨。嗅觉还有识别功能，它可以使人判断环境是否安全，在安全舒缓的环境中我们会感到舒适，在陌生危险的环境中我们会感到不对劲。另外，嗅觉可以安抚人的情绪，人们会被好闻的气味吸

1　在自然界中有些物质没有气味，正因如此，人们往其中加了一些气味分子，煤气的味道就是人为加入以起到警示作用。请见"大海的气味"一节。

2　出自纽约州立大学石溪分校研究员莉莲娜·穆吉卡-帕罗迪的一项研究，引自https://www.theguardian.com/science/2008/dec/03/fear-smell-pheromone。

引，排斥难闻的气味。来看看"嗅觉营销"是怎样的吧：这种策略利用香氛的魅力，让宾馆、购物中心和商店都变得香气四溢，这样我们就会心甘情愿地在其中消磨时间，或许还能买上一些商品或服务。另外，当我们嗅到一股巧克力和香草的香味，仿佛立刻置身糕点店，还会突然感到一阵莫名的饥饿。不会再有比食物香气更妙的广告了。

帕特里克·聚斯金德（Patrick Süskind）[1]在他著名而尖锐的长篇小说《香水》中提过，气味与呼吸密不可分，因此没有任何人能拒绝，它与我们呼吸的空气一同进入鼻腔，不会减损丝毫。我们没有防备地任其长驱直入，也许会反感或是被吸引，也许会体验到爱欲或者憎恶。臭名昭著的格雷诺耶是这本小说的主角，正如他理解的那样，主宰香气意味着拥有了一种针对人类的无边法力：那就是决定他们的情感。在最新的研究分析中，气味甚至可以决定人类的行为。

对嗅觉的讨论

著名哲学家路德维希·维特根斯坦（Ludwig Wittgenstein）在其《哲学研究》中有一个著名段落，将咖啡的香味形容成一种典型的难以描述的经验：它难以用言语去描述，只能观察。实际上，谈论气味意味着讲述一种不可捉摸、不可见的东西，虽然它能重新回到所有人的经验世界中[2]，但是很难确切地定义它，因此也就难以为外人道也。视觉拥有大量的有效词汇来定义颜色、形状、大小，以及精确地描述一件物品；触觉通过皮肤来感觉世界，并至少提供了

1　书中一些重要的人物注有原名，一般人物不注原名。
2　除去那些患有嗅觉疾病、嗅觉微弱或缺失的人，这两种情况被称为嗅觉减退和嗅觉丧失。

对相关对象的具有物质特性的可靠描述；甚至连味觉这一部分依靠味蕾接触的感觉，也有其准确可靠的描述词汇；听觉具有更强的非物质性，但是在长达几个世纪的时间里，音乐已经被语言编码，只要学习就可以理解和描述任何一种声音，同时我们还学会了如何重现声音。

　　嗅觉并非如此：它和梦境、情感与记忆一样，由某种易逝的物质构成，除了不可捉摸，还缺乏表达工具。从字面上看，我们很难用言语来谈论气味。英文中有超过200个关于听觉动作的词汇，大约250个关于视觉的词汇，差不多120个关于触觉的，50个关于味觉的，而关于嗅觉的词汇仅有40个。[1]正如弗吉尼亚·伍尔芙在《阿弗小传》中观察的那样，这本小说以女诗人伊丽莎白·巴雷特·勃朗宁的狗为视角，对城市生活进行了思考："如果两三千词汇都不足以描绘我们所看到的……那么对于所闻到的，我们不会用多于两个词，或许是一个半词来进行描述。人类的嗅觉实际上是不存在的。世上最伟大的诗人们感觉不到气味，除了馨香的玫瑰和令人作呕的粪便。在这两个极端中间有无穷的气味，却无人问津。"意大利语中同样存在着这种贫乏。如果要描述一种气味，我们必须求助于语言上的化装——通感，源自希腊语"sýn（和）"以及"aisthánomai（我察觉）"，可以翻译成"共同感知"，这是一种将不同感觉联通起来的修辞手法。如果从触觉语言中借用一些表达，我们就会拥有柔软的、颤动的或是清凉的气味；而如果借用视觉刺激，就会出现幽暗的、明亮的、绿色的气味；如果我们转向味觉，还有甜美的气味。

1　出自加登格罗夫联合学区教学服务中心的一项研究。

有的芳香新鲜若儿童的肌肤，

柔和如双簧管，青翠如绿草场，

——别的则腐朽、浓郁，涵盖了万物。

像无极无限的东西四散飞扬，

如同龙涎香、麝香、安息香、乳香

那样歌唱精神与感觉的激昂。[1]

这简直就是19世纪法国象征主义的宣言，夏尔·波德莱尔的《应和》不仅充斥着通感修辞，还揭示了宇宙中万物互联的本质，"这是一种幽暗深邃的整一"，在其中"气味、颜色和声音相互应和"。事实上，对波德莱尔而言，通感并非一种修辞工具，而是对现实自然的描述。

通感能够逃开语言的限制去捕捉气味，如果不去描述、唤起它，通感还能在思维中重构出一种与之相近的东西。

气味与记忆的关系十分复杂。通常来说，我们会更容易辨别单一的、熟悉的气味，比如烤面包的香味、香烟和雨后的泥土，但是我们很难辨认复合气味，比如艺术调香师的创造。比起回忆其他信息，在脑海中自发地回忆起气味显然要困难多了，就如同重新创造记忆一般。

因此，通过创建多种感觉的记忆枢纽，通感更偏向于重构气味，而不是记住它们。

那么为何要读这本书？

从职业上来说，我来自美食行业，长久以来我一直从事食物造

1　译文出自：[法]夏尔·波德莱尔著，郭宏安译，《恶之花》，商务印书馆，2021，第16页。——译者注

型和食谱写作的工作。我欣赏美食和高超的厨艺，认为自己拥有敏锐的，或者至少是训练有素的味觉，直到有一天，我发现在我们平素所说的味觉中，至少有80%实际上是嗅觉。突然间我明白了，我对于香草、香料和果皮的热爱，以及那些在厨房中进行的关于精油的实验[1]，和我的另一个爱好紧密相连——嗅觉和气味。于是我产生了将它写下来的念头，即便我很清楚这是一项挑战，必须要抓住转瞬即逝的气味。或许你会清楚地记得香奈儿5号的气味，因为你的母亲使用这款香水，但如何描述才能让不认识它的人对此有一个准确的概念呢？

这几乎是不可能的。我们最多只能唤起这款香水背后的氛围和故事，以及创作灵感。但也正因为如此，这项工作才如此迷人。

正如黛安·艾克曼在《感觉自然史》（*A Natural History of the Senses*）中观察到的那样，在我们所生活的丰富多彩的世界中，有许多用来描述事物的词汇，但是气味例外。通常我们在脑海中有对气味的明确感觉，但是没有合适的术语去描述它们。这让气味变得不可捉摸，因而赋予了它一种魔幻而神秘，甚至是神圣的光环。

那么如何用一种可理解的方式来讲述气味？我还没有找到一个确定的答案，但有一点是确定的：基于我的成长环境和文化，回溯本质，确立一张嗅觉索引表[2]，并尝试建立一个对我来说最有意义的气味库。必要的时候，我引用了一些历史文化片段来更好地解释一种气味的起源与特征，并思考它们的象征意义。最后，我从喜爱的艺术调香师那里考察了这些气味是否以及如何被使用。

在附录中，我插入了一个关于最受喜爱的气味的小调查，这是在我的熟人和社交联系人中进行的。

1　对此我出版了《厨房中的精油》（*Oli essenziali in cucina*, Tecniche Nuove, Milano 2010）。

2　当你看到本书目录便会明白何为"嗅觉索引表"。——编者注这里有一系列基本气味，人们不容易忘记，也可以重新对它们进行想象，在这其中也有许多我们期待的故事。是的，因为一直以来嗅觉、气味和香气吸引我的，从来都是它们的叙事能力，一种强烈的、包罗万象的和浸润式的叙事——对我来说就是完美叙事。

这是一段非常美好的旅程，其间我明白了在气味难以捉摸的表面下有多少我们的故事、我们的习俗和文化。我还发现气味其实是哲学家，并且和每个杰出的哲学家一样敏锐，因为他们总是提出疑问，使人抛弃偏见。

在我们现下所经历的历史时刻中，收集这张嗅觉索引表是十分美好且珍贵的。我希望它能向我的读者们传达与我在书写这个美丽世界时所感到的同等的快乐。

童

年

的

气　　　味

铅笔的气味

\\\ 教室 \ 削笔刀 \ 童年记忆

很少能有什么比削过的铅笔更能让我感觉身处童年了：粗糙的木质刨花和削笔刀的声音，同它们的独特气味一道，迅速地让我想起课桌、校服、笔记本和文具。伴随着这种嗅觉印记，那一堆堆螺旋形状的漆木碎，混杂着灰色的铅屑和孤单的碎木片，牢牢占据着我们生命中的最初几年，就连填字和数独游戏也无法与之争夺。

这或许是源于各种各样的削笔刀在我们内心唤起的神奇感，使用它们对小孩子来说已经足够复杂，让我们感觉"像是大人"；又或许是因为当我们自豪地看着被削得锐利的笔尖时，内心获得了一种完美的成就感，这在当时的我们看来是一项相当成人化的工作。之后，我们不断地削笔，为了向我们自己和其他人证明——这才不是因为幸运呢！我们就是很棒！

当我们经历这一切的时候，气味就被锁在我们的记忆中了。但是一支削好的铅笔到底散发着一种什么样的气味？很多人认为是石墨的味道，这种灰色矿石是铅芯的主要成分。这毫无疑问是一个流传甚广的看法，我们甚至能在品酒卡片上找到它，比如艾格尼科红酒，它似乎有一种接近石墨粉或者烟雾的味道。

然而石墨本身并无气味，这是一种矿石，准确来说是碳的一种晶体结构，与碳的所有同素异形体一样，其本身是无味的。但是，铅芯并非由纯石墨构成，事实上，它是由石墨粉、黏土和橡胶构成的混合物，经近800度的高温烘烤制成。各种成分的配比和烘制温度决定了笔芯的硬度和强度，从EE（最软的）到9H（最硬的），笔芯的种类多达22种。

对此，我也思考了很久，最后做了一次测试，闻一闻我那塑料自动铅笔的笔芯（硬度H2）。好吧，那是一种极其微弱的烟熏味，如丝一般，稍纵即逝。这不是石墨的味道，我们所说的是在制造过程中所添加的其他成分的气味。

对铅笔的使用体验来说，铅芯很重要，但它只是铅笔的一部分，一旦被挤压成圆柱形，烘制并切割后，它就被嵌入两根木条间的凹槽中，然后是塑形和上漆。

因此我们所说的铅笔味是一种复杂的气味，其中有一丝微弱的铅芯和其他成分的味道，外加一点胶水、少许油漆以及很多木材——雪松。

约翰·厄普代克（John Updike）在其著名的自传体散文之一《山茱萸树：一个男孩的少年时期》（*The Dog-wood Tree: A Boyhood*）中讲述道，他的父亲是一位教师，在每年的夏末，他都会去父亲办公室为他准备新学期的教学材料——削40支铅笔！他为自己能够在成年人做的工作中帮上父母而感到自豪。还有一段与铅笔有关的记忆是他在学校里的生活，这段回忆也同样充满感情。事实上，厄普代克坦言，自己成年后仍然在铅笔的雪松气味中找寻他的父亲。

这种气味依旧显眼地存留在我们的集体记忆中，虽然不似食物的香气那么诱人，也不如花香和果香那样优雅，但它悄悄地爬上了最受喜爱气味的榜单前列（请见第217页的调查结果）。那么，它为诸多调香师带去灵感这个事实，也就不足为奇了。

艺术调香师道恩·斯宾塞·赫维茨（Dawn Spencer Hurwitz）下设的美国独立品牌——DSH之香（DSH Derfumes），创造了铅笔2号香水（*No. 2 Pencil*），这款香水的灵感来自美国学校中最流行的铅笔，介于质软和质硬之间，相当于我们的HB铅笔。当我们的鼻子闻到这款香水时，就会想到教室里的尖头铅笔，它有着丰富的阿特拉斯雪松和得克萨斯雪松的香味、栎树的麝香、粗粝的醛化物气味，以及作为点睛之笔的苦橙叶的柑橘香。这是一款木质香，它将我们的思绪带回至课桌、笔头尖尖的铅笔，以及那浅浅愁绪下的童年记忆，那时的一切都是简单的，有很多许诺，也有很多未知。

含有这种味道的其他香水

品牌	香水名称	品牌	香水名称
美丽人生 (A Beautiful Life)	复合 (Composition)	迈森雷巴奇 (Maison Rebatchi)	童年的木头 (Bois d'enfant)
巴尔曼 (Balmain)	木炭 (Carbone)	百瑞德 (Byredo)	超级雪松 (Super Cedar)
小纽约 (MiN New York)	复古长椅 (Old School Bench)	卢丹氏 (Serge Lutens)	雪松 (Cèdre)

为何受人喜爱

在铅笔的气味中，我们可以感到某种对即将到来的事物的激动，以及对马上要开始的新学年的期盼，就像崭新的铅笔盒的味道一样。那是一种希望的气息，是新的开端，是还不确定但令人振奋的承诺，是一切有待书写的未来。

有何效果

这种气味重新唤起了儿时的我们对未来的感知，唤起了当时我们感受到的无限的可能性，尽管只是一种模糊的印象。铅笔中所蕴含的希冀，包括图画、作业和游戏，这是孩子眼中世界的再现。这是一种散发着振奋和愉悦的气味，为了那个有待探索的未来。

防晒霜的气味
\\\ 阳光 \ 沙滩 \ 夏天的假期

当我写这本书的时候，市面上已经有大量的防晒霜了：抗衰老的、美黑的、用于敏感肌的、低过敏性的、用于面部的、环保的、有机的、有香味的、无香的……在几年前，防晒霜还远没有这么多，或许这也是为何在我们记忆中只有防晒霜的理论概念。

防晒霜实际上是一个相对较新的发明。第一种防晒霜的诞生要追溯到1938年，它是由弗朗茨·格雷特（Franz Greiter）设计的。这名热爱登山的化学系学生在攀登瑞士的皮兹布恩山时被晒伤，为此他发明了防晒霜来抵御阳光。据传，他将这座山峰的名字作为防晒霜的品牌名称"Piz Buin"，这个品牌至今仍然存在。

差不多在同一时期，在大洋彼岸有另一位名为本杰明·格林（Benjamin Green）的化学家也开始着手研究防晒，这就是后来的科普特（Coppertone）防晒霜。他在其中加入了一种石油衍生物

"RVP[1]"，这种物质在第二次世界大战期间普遍用来防晒，另外还添加了可可脂和椰子油，让它的气味更加怡人，质地更加细腻。两款防晒霜都在第二次世界大战后进入了市场，但是没有普及。

大约在20世纪70年代末，防晒变得更加流行普遍，这是因为生产商在产品中加入了过滤紫外线A和B（UV-A和UV-B）的物质，以及消费者接收了更多有关保护皮肤免受太阳侵袭的宣传信息。那个时候的防晒霜比现在的要更加浓稠厚重，任何在当时处于少年阶段的人都清楚地记得在身上涂抹这种黏稠膏体的不适，但这是为了在岸边玩耍所付出的代价。

现如今高指数的防晒霜已经十分轻薄，并越来越令人舒适，防晒霜中让我们印象最深刻的或许是一种复合气味：氧化锌或是二氧化钛的味道，这两种物质可以在物理上保护我们的皮肤免受阳光直射，其中还加入了椰子油和可可脂，从而产生了一种复杂的气味，初闻有些令人垂涎，之后立刻变得粗糙，带有一些化学物质的味道，就像喉间的一阵轻微刺痛。

这种气味蛮横地闯入我们的想象，进入我们熟知的关于沙滩的感官全景中，一同闯入的还有沙子覆在脚背上的触感以及远处传来的悦耳的音乐。

约翰·厄普代克在他1971年的小说《人人怀孕的年代》（*When Everyone Was Pregnant*）中描绘了夏天的沙滩全景，小孩提着水桶拿着铁锹，试图挖沙子，大人们在一旁闲聊，他们的防晒霜散发出一股"乳白色"的气味，这些都是必不可少的沙滩景象。

如果去网上的各大论坛搜索，你会发现这也是非常受欢迎的气味。怎么会不是呢？它富有假期的气息，有闲暇时刻与自由时间的味道，那是儿时的时间，就像口香糖和橡皮泥一样可以无限延伸。

1　红色兽用凡士林（Red Veterinary Petrolatum）。

你怎么能抵抗这种充满意蕴的气味符码？事实上，有很多调香师没能抵挡住它的诱惑。

尼古莱之香出品的淡香水——"吻我（*Kiss me intense*）"，就明显是一段关于逝去夏天的缱绻的嗅觉回忆。调香师帕特丽夏·尼古莱（Patricia Nicolaï）在这款香氛中加入了她关于夏天和假期的最美丽的记忆。夏日里，有她的糖果和最爱的茴香酒，大海的气息以及防晒霜的气味，所有这些都与明媚的沙滩生活丝丝入扣。一喷香水，就可唤起这一段愉快的回忆。

意大利香水品牌普佛德尔复（Profumi del Forte）旗下的调香师维多利亚·埃普瓦纳也讲述了类似的故事。她通过嗅觉描绘了一个韦尔西亚沙滩上的夏日，炎热但令人愉悦。这是明亮的一天，充满了花香，盈满鼻间的椰子味不禁使人想起防晒霜，这是海滨度假的必备品。

含有这种味道的其他香水

品牌	香水名称	品牌	香水名称
汤姆·福特（Tom Ford）	白日之水（*Soleil Blanc*）或是其淡香水	弗兰西斯卡·比安吉（Francesca Bianchi）	性爱与海（*Sex and the Sea*）
配枪朱丽叶(Juliette Has a Gun)	电波（*Vanilla Vibes*）	普罗夫木（Profumum）	白色沙滩（*Sabbia bianca*）
梅森·马吉拉（Maison Margiela）	Replica系列中的沙滩漫步（*Beach Walk*）	CB我讨厌香水(CB I Hate Perfume)	沙滩边1966（*At The Beach 1966*）
百瑞德（Byredo）	夏日棉花糖（*Sundazed*）	费宗（Phaedon）	沙滩与太阳（*Sable & Soleil*）

为何受人喜爱

　　防晒霜的味道在我们感官想象图景中是不可或缺的，是夏日沙滩假期的一种鲜明标识。这股味道中浸润着假期般的闲适，人们懒洋洋地在太阳下阅读，其他什么事也不干，度过专属自己的美好时光。那种幸福感本就是一种理想化的度假方式，一切都是美好的，没有任何不堪回首的糟糕记忆。

有何效果

　　如此，防晒霜就成为"假期"经历的组成部分，它的气味能够激活人们记忆中的完美假日，以及所有与之相关感觉，帮助人们打开记忆深处的嗅觉之盒，使灵魂重获曾经的闲适、幸福和畅快，哪怕只经历过一次这样的感觉，哪怕假期已距离我们十分遥远，或并非如同记忆中那样完美。

马戏团的气味

\\\ 大帐篷 \ 马厩 \ 喧嚣且魔幻

　　马戏团可以说是一个独特的符号，很有辨识度和老式的品位，它还具有一种复古美学，充斥着古旧的色彩搭配以及传统节日装饰。但它也是一项富有争议的表演，一方面是因为人们称其虐待动物，这是现下颇为敏感的话题，另一方面是因为一个世纪以来它的演出模式就没有太大变化："杂技＋珍奇动物"或是"猛兽＋小丑"。在娱乐选择不多的天真的孩童时代，马戏团表演显然更具趣味，但是它很难与当今各种眼花缭乱的表演节目相比。

然而，太阳马戏团（Cirque du Soleil）坚信马戏表演在浮华的表象下，是一种真正富有魅力的表演，在2020年濒临破产前，它已经大幅更新了其经营模式[1]，除去饱受争议的部分表演，削减成本，改善公众认知——没有动物和驯兽师，也没有火圈，只有一场精彩绝伦的表演，将杂技、芭蕾和戏剧完美融合在一起，取得了巨大的成功。

历史上的现代马戏诞生于1871年，资深美国经理人菲尼亚斯·泰勒·巴纳姆（Phineas T. Barnum）出于直觉，开创性地将三种表演融为一体：一是广为流行的马术表演以及猛兽或奇异动物（老虎、狮子、大象、犀牛、长颈鹿、蛇和熊）的驯兽表演；二是杂技演员和小丑的表演；三是奇特人群的表演，他们古怪得不似真人，比如美人鱼、世界上最年老的女人，还有自称是乔治·华盛顿的护士的女人，而连体双胞胎和其他猎奇表演主要是基于对身体畸形的利用。

这位经理人极其善于通过一系列表演给观众带去惊奇和惊叹的体验，而他在广告宣传方面的才能让马戏成为一种极受欢迎的表演。这种模式在本质上是源于人类学和自然学维度上的猎奇心理，后来被广为效仿。

今天的马戏表演保留了旧时的表演魅力，除了简单的元素搭配，还有美学效果：鲜艳活泼的色彩、亮片、妆容以及五颜六色的

1　太阳马戏团在"W. Chan Kim et Renée Mauborgne, *Strategia Oceano Blu. Vincere senza competere*, Rizzoli Etas, Milano, 2015"中有所提及，它被认为是一种蓝色海洋（市场扩增）的良性范例，而传统马戏团则是红色海洋，也就是竞争极其激烈的市场。

服装。

我们怎能忘记那些硕大的帐篷、木头长凳和动物，或许我们只是小时候从书上读到过，但他们是真实的！如果这些动物们累了或是掉毛了也没关系，生活在城市中的儿童对此毫无察觉。如果运气不错，你甚至还能将动物幼崽抱在怀里，拍上一张照片，在拍照的间隙里，你或许能在不远处看见一头真正的大象或狮子。我们怎能忘记棉花糖，以及只能在马戏团里找到的糖果摊，除此之外，其余的一切也是如此独特，与日常生活格格不入。一走入马戏团的大帐篷中，扑面而来的就是那股气味，篷外食摊上的香气不断钻入鼻子中，勾人肚肠。我记得自己得花上整整半小时来适应这里的环境。

马戏团的味道具体是由什么构成的？首先，这不是一种单一物质的气味，它是一整个微型宇宙的嗅觉缩影，包括木制长椅、塑料遮阳棚、动物和它们的粪便、锯屑，以及从帐篷外渗透进来的棉花糖和爆米花的香味。

让·谷克多（Jean Cocteau）在很多场合都曾宣称他从小就喜爱马戏团，并将这种味道定义为"一种美妙的气味"：夹杂了马厩和汗水，给人一种难以描述的感觉，既令人期待又使人愉悦。这位作家兼编剧练过很长时间的马术，在那种气味里他能辨认出圈肥的味道，但并未感到厌恶，对他来说这是一种发亮的色泽，遍布于马戏场、大帐篷、杂技演员和小丑，让一切都变得愈加明亮且魔幻。当然，谷克多所造访过的马戏团应该与我记忆中的不同，那里有更多的动物并且更加脏乱，但是关于动物的感觉在我的记忆中依然鲜活，相信对于其他人也是一样。同时，我们很难想象这种记忆能够成为一种香氛。

但是奥莉薇娅·贾克贝蒂（Olivia Giacobetti）重建了这个微型的嗅觉世界，她将马戏团的气味变成了一款真正的香水——"马戏团欲望（Dzing!）"，这是为法国品牌阿蒂仙之香（L'Artisan

Parfumeur）的一款淡香水。就像来自阿根廷的小丑们为了吸引观众的注意力，用铜盘相互敲击而发出的喧嚣声，"马戏团欲望"这个名字——Dzing，便是体现嗅觉想象的一个象声词，象征着突如其来的变化和不同场景间的跳跃。帐篷中，现在是大家一齐坐在木椅上观看表演的时刻：马术表演刚刚结束，为了活跃现场气氛，现在要表演的是小丑节目，之后会有驯狮表演。地上满是上一场表演遗留下来的锯屑，人们手里拿着棉花糖，这种甜食甜蜜而魔幻，只在马戏团里贩卖。这款香水包含了所有与马戏团有关的气味：苹果蜜饯、稻草和马具皮革，还有肉欲的气息，令人想起那些动物。它具有奇特的物质性和温和的动物性，与音符一同舞蹈，勾勒出一幅跃然鼻下的嗅觉图景，就像是一本书或一幅马戏团的全息图像。这款香水被认为是一项杰作，在业内享有盛誉。[1]

含有这种味道的其他香水

　　无。

为何受人喜爱

　　对于那些在儿时去过马戏团的人来说，这种气味与造访平行世界的奇幻感觉紧密相连，这个世界就在帐篷下徐徐展开：有点神秘，一切都有待发掘和探索，并且一定会给你惊喜和奇迹。

1　卢卡·图林（Luca Turin）和塔尼亚·桑切斯（Tania Sanchez）在 "Perfumes, The Guide 2018, Perfuuumista OÜ, Tallinn 2018" 中这样认为。

有何效果

　　这个微型的嗅觉世界重新唤起了我们对于马戏团的惊奇感和其他各种感觉：灯光、色彩、欢笑、快乐，以及当我们看着杂技演员从空中跃下，或是驯兽师过于靠近猛兽时感到的一丝恐惧。这是一种混杂了期待和惊奇、探索与焦虑的复杂情感。

油墨的气味
\\\ 墨水 \ 卡片 \ 暗夜诗人的秘密

　　在学校的课桌间，有多少和那些可怜的圆珠笔有关的回忆！首先我们将笔拆开，抽出装油墨的吸管，把它当作吹气枪，然后用咀嚼过的小纸球作为子弹，开始无休止的课间战斗。这种武器让我们感到战无不胜。

　　这史诗般的战役一旦结束，我们就要开始清理墨水，这种物质在我们眼里神秘又不可靠：和铅笔正相反，它无法擦除，除非使用墨水橡皮，但这种"骗人"的橡皮大多会在纸上擦出一个破洞；墨水经常突然就干了，上一秒似乎还很愿意维持到我们学习结束，下一秒连一个句号都不让人写完，简直就像中了魔咒一般；墨水还总是惹是生非，它常常毫无理由地在所接触到的一切物件上肆意留下墨渍，擦不去也洗不掉。

　　小时候，我们拆开圆珠笔杆来探究这种魔法；等到再长大些，胆子也更大了，我们把这些钢笔大卸八块，尝试用笔尖蘸取墨水在身上文身，笨拙地相互戏弄。那些成功的人或许可以在身上保留一些褪色的印记，或许是一朵花，或许是一种和平的标志。而那些没有成功的人，可以从中学到一些关于失败相对性的禅宗哲理。

油墨还可以用于印刷。在我的记忆中，传奇的帕尼尼[1]卡片有着特殊地位，任谁拿到它都会闻到一种极其特殊的味道。多年以来，这种气味在我的记忆中无可取代，在打开包装的那一刻便会散发出来。我还记得从前陶醉地闻着我兄弟的球星卡的味道，虽然卡片上都是一些我不感兴趣的球员和球队。但是那种气味，让这些卡片瞬间变成奇妙的宝贝！

即便在今天，卡片的气味也能让最稳重的职业人士变成当初纯真快乐的那个小孩，一心只想着集齐所有的卡片。就连帕尼尼意大利市场总监安东尼奥·埃莱戈拉（Antonio Allegra）也在前不久的采访中承认，在卡片的开封仪式中，气味占据了整个体验的重要部分。

难道是使用的油墨中含有某些神秘成分？谁知道呢。可以确定的是帕尼尼卡片散发出来的乙烯与墨水的混合味道是非常鲜明的，我们甚至可以在红虾（Gambero Rosso）的意大利葡萄酒指南（Guida Vini d'Italia）中找到这种气味，它被用来描述某些红酒散发出来的香气。

关于印刷油墨，我有另一种记忆，那是小时候学校组织的一次参观所在城市报社的游学活动。那个地方的气味仍然留存在我的记忆中，强烈的、辛辣的、有渗透力的，但是令人喜爱，他们还送给我一个印刷活字模具——一个经受了油墨和时间考验的字母"N"。

相较于其他气味，人们对于油墨的好恶更加强烈。它有一点金属的冷硬，有一点刺鼻，就像樟脑丸。对于凯鲁亚克（Kerouac）来

1　帕尼尼（Panini），它在20世纪是一家报纸零售商，后来成为体育卡行业巨头。

说，这种气味令人陶醉，诗人艾米·洛威尔（Amy Lowell）在她的作品《瓷器传奇》（*A Legend of Porcelain*）中认为它有飞燕草的芬芳。在作品《混蛋》中，墨水的气味对纳博科夫来说是一种毒品："墨水，是一种毒品（ink, a drug）。"但这也是一个文字游戏，在重组字母后显示的是一种美味的食物（"grudinka"在斯拉夫各语言中既指咸猪腹肉，也指牛胸肉）或是食物的原材料。而在辛克莱·刘易斯（Sinclair Lewis）的反乌托邦小说《不会发生在这里》（*It can't happen here*）中，主角记者多雷姆斯·杰色普对极权制度进行了抗争，在他看来，墨水的气味变得"令人厌恶和窒息"。对于化学家来说，油墨是由悬浮在水基或油基液体中的颜料制成的，其中加入了一些帮助颜料固色和墨水干燥的添加剂。

在我们圆珠笔的墨水中，有大概50%的颜料，另外还有硫酸铁、没食子酸、单宁酸、溶剂、树脂、防腐剂和湿润剂。可能最主要的是溶剂的气味，比如丙二醇、丙醇、甲苯或乙二醇醚。

质量较高的墨水一般会添加芳香物质，通常是冰片，这是一种婆罗洲樟脑，除了使气味更加怡人之外，几个世纪以来还被商人用以掩盖墨水的劣质。或许这就是我们所想到的圆珠笔墨水的气味——冰片的味道，有点像樟脑，清新又刺鼻。

在香水中，这种香调充满了象征意味，激发了一些有趣的创造。就像诗意而梦幻的意大利香水品牌米欧·法修尼（Meo Fusciuni）所制的香水"暗夜（*Notturno*）"。无论是在现实还是隐喻中，夜晚都有着墨水般的颜色。这是诗人和作家的时间，他们在静默中向内审视自己的内心，发掘那些隐秘之事，然后将这一切写

1　Douglas Brinkely (a cura di), *Windblown World: The Journals of Jack Kerouac 1947-1954*, Penguin Usa, New York 2006.

2　Robert Kiely, *Reverse Tradition: Postmodern Fictions and the Nineteenth Century Novel*, Harvard University Press, Harvard 1993.

成诗。

想象一下，有一位颓废的诗人，他的"暗夜"建立在墨水与朗姆酒的混合基香之上，他们是这位夜间艺术家的最佳伴侣。夜色是他的庇护者和奉迎人，在酒精和墨水的作用下，帮他扯出那些深埋于灵魂的秘密：前者将其融化，后者将其固定，就像一场炼金术的秘密仪式，只不过在此练就的不是点金石，而是一行行的诗句，它将内心的黑暗和荫翳化为感性的香水，缭绕在周围。归根结底，这是一种对艺术所具有的神秘力量的隐喻。

含有这种味道的其他香水

品牌	香水名称	品牌	香水名称
动物学家 (Zoologist)	乌贼 (*Squid*)	希尔德·索兰尼 (Hilde Soliani)	少女咖啡 (*Caffè delle vergini*)
特殊香氛 (Parfumerie Particulière)	失眠打字机 (*Type Writer*)	百瑞德	双面墨水 (*M/Mink*)
J.U.S.香水	暗夜灼光 (*Noiressence*)	川久保玲 (Comme des Garçons)	2
维果罗夫 (Viktor & Rolf)	鬼把戏 (*Dirty Trick*)		

为何受人喜爱

墨水是所有爱书之人的心头好。它使人感觉仿佛在捕捉写作的真谛，那是迸发灵感的时刻，也是参透事物本质的时刻。它有着超越时间和空间的特殊魔力，在我们的想象中，这只可能发生异世界，比如在一个夜晚，有一位萨满诗人操控着法术，他懂得如何在两个维度之间跳跃。

有何作用

　　喷上墨水调的香水可以让你在自己的肌肤上体验诗人的灵魂，有点像穿上复古长裙，你就可以把玩几十年前的美学格调。你觉得自己有点像那被诅咒的诗人，掌握着灵感，怀揣着这个世界的秘密，这让人变得沉重、孤独而深刻。

点心的气味
\\\ 糖 \ 奶油 \ 美味的糕点

　　我确信，只要你闭上眼睛，就可以回忆起闻见点心香气时那种美妙的感觉，整个人都被馥郁的香气包裹住了。在那香气里，满是糖、奶油、黄油和美味的诱惑。谁都无法抗拒它，至少鼻子不行，我们不得不跟随着它，就像跟在哈默林的吹笛人屁股后头的孩子们一样。香味是一家点心店的最佳代言人，再具体一些：虽然并不是刻意的，但嗅觉是最好的营销手段之一。

　　这种馥郁的食物香气无声地向人们暗示了产品的诱人，以一种润物无声的方式：嗅觉刺激从鼻孔钻入，而后迅速奔向大脑，潜入最深处，然后我们莫名其妙地就觉得饿了。这种香味混合了香草、黄油和焦糖的气味。最狡猾的点心店还会在大门口富有战略性地放置一座巧克力喷泉，在人来人往的区域，这种简单的技巧比其他举措更易于吸引顾客。

如果说成年人只是对此垂涎三尺和饥肠辘辘，那么点心的香味对小孩来说就有一股超自然的魔力。它实在太强大了，有一种蛮横的诱惑力，或者说，无人能够抵挡，就如同催眠旋涡一般将你卷入，又像一根巨大的勾起的手指，似乎在对你说：来这里吧，来这里吧。简直让人无法后退。

令人无法置信的是，时间如水流逝，而它的魅力却未曾减损丝毫。根据马努艾尔·巴斯克斯·蒙塔尔万（Manuel Vázquez Montalbán）在《喀布尔的伦巴》（Rumbo a Kabul）中所说，这是一种承载着期许的香味：就像是松饼或是泡芙的口感，牙齿轻轻一咬，就"咔嚓"一声碎裂开来；又像是随即而来的柠檬香奶油，柔软、轻盈、绵密，如同冰激凌；还有那乳白色的鲜奶油或是黄油奶油，在第一口咬下去的时候就迫不及待地从葡萄干小面包中冒出来，暗软柔和；又或是那摆满五颜六色糕点的橱窗，你呆呆地站在窗前，被甜蜜地折磨着，不知应该如何选择最好吃的那一款点心。未被买走的那款总是最闪亮的。点心店里的小孩（可以说就像成年人一样）就是选择困难症的缩影：因为买一个或是两个，意味着舍弃其他二十个、三十个——永远不知满足。

在这样的情况下，这种香味就毫无意外地进入了香水界：甚至可以说，它的到来开创了一个时代。1992年蒂埃里·穆勒（Thierry Mugler）推出了"天使（Angel）"，这款香水获得了巨大的成功，它是第一款含有大量乙基麦芽酚的香水，这种分子合成距今只有三十年，富有焦糖和棉花糖的气味。它被公认为是食物调香水的鼻祖，食物调香水是一个极受欢迎的香水族群，以鲜明的食物香气为特点，大多是点心店里的味道：巧克力、香草、糖、蜜饯和杏仁糖。

在米兰面具（Masque Milano）的香水"玛德莱娜（Madeleine）"

中，糕点是绝对的主角，这是面具"女性"系列中的一款食物调香水，其灵感源于巴黎里沃利路226号的传奇糕点店兼茶室"安吉丽娜（Angelina）"。亚历山大·布朗（Alessandro Brun）与里卡多·特代斯齐（Riccardo Tedeschi）一同是面具的开创者，对布朗来说，这家点心店首先是一段与母亲有关的情感记忆，他从母亲那里继承了对旅行的热情，同时还有对优雅无瑕的糕点店的热爱。

玛德莱娜是一个富有高冷气质的巴黎女孩，品位绝佳。她知道如何辨别美，如果需要选择一处地方去喝一杯上好的茶，配上一块完美的甜点，那一定就是"安吉丽娜"的美好时代大厅，艺术家和设计师时常光顾这里。她或许会在此阅读一本书，或者在社交媒体上写一个故事，谁知道呢，她还没想好，重要的是置身于美好之中。这款美食香氛"玛德莱娜"的创始人是范尼·波尔（Fanny Bal），它以"勃朗峰"这家糕点店的招牌甜点的奢华甜美为开端，带有生奶油和栗子的香气，点缀有一点香草味，又混入了一点天竺葵和晚香玉的花香，如乳液般柔和，最终造就出一款充满生活乐趣、诱惑和食欲的香氛。

含有这种气味的其他香水

品牌	香水名称	品牌	香水名称
乌木屋 (The House of Oud)	保持光滑 (*Keep Glazed*)	罗马之香 (Profumum Roma)	香草柑橘 (*Dulcis in fundo*)
阿蒂仙之香	精致黑咖啡 (*Noir Exquis*)	拉杜丽 (Ladurée)	香氛系列也受到了点心店气味的启发，包含蜡烛、香熏、环境和个人香氛

为何受人喜爱

　　点心店的气味是期许的味道。在我们的大脑某处刻着一项定理，那就是这种味道总是联结着无数个等着我们去品尝的小甜点。这种气味的联想是甜品的黄金国度，又像是一个安乐乡，遍地是糖，取之不尽用之不竭，永远没有惩罚。因为它只是一个充满诱惑力的想法，一个抚慰性的想象，仅仅在我们的脑海中停留了一会，就被节食、内疚以及暴食的罪恶感淹没了。因此，它是一种完美的愉悦：充满希望、令人陶醉，没有后果。

有何作用

　　这种气味使我们想起现实中所有的美好：因此它是令人欢欣的、友好的、抚慰人心的。人们一想到它就会愉悦地微笑起来，这种气味带给我们好心情，对我们进行呵护和安慰，就像一个温暖的拥抱将我们吸引并包围，是一种纯粹的正能量。

泥土的气味
\\\ 蚯蚓 \ 种子 \ 大地的汁液

　　那些小时候能经常在花园玩耍的人会知道：泥土不仅仅是一种气味，还是一种感觉。我们在潮湿的土壤里挖蚯蚓，周围是无辜的三叶草以及无私工作的蚯蚓。它具有一种独特的气味，是童年经历中不可或缺的一部分，充满颗粒感的泥土，聚集在我们的指甲缝里，留下一条恼人的黑线，任何美甲师看到了都会连连摇头，它还会将我们出卖，让我们被母亲责骂。然而，如何向大人们解释探索我们脚下的这一小小世界是多么有趣，在花园的砖石下有无数的植物根须、鼠妇、蚯蚓、蜗牛，还有竭力平安发芽的种子。

世界怎会对这个小空间里如此多的生命毫不知情？人们怎会每天步行在街上，而对脚底发生的奇迹浑然不觉？好吧，这又是成年人世界里让人费解的一个地方。

然而，在花坛里玩土总是非常容易的，无须破坏房子的固有布局（这会让父母恼羞成怒），我们随时可以挖土、揉捏，将它变成一堆堆还未完全成型的建筑：城堡、沟渠，以及巨大建筑物——塔楼和桥梁。另外，小蜗牛和小鼠妇也将光临，如果它们明白我们建造计划的天才之处。

土壤含有矿物质和有机物质，它的气味主要源于土壤细菌在分解过程中产生的两种分子——土臭素和2-甲基异冰片（MIB）。这是一种诗意的气味，有点忧郁，但充满生机。在给塞尚的一封信中，莱内·马利亚·里尔克（Rainer Maria Rilke）将它定义为"一种强烈且忠诚的气味"，尤其会在秋天散发出来。海明威也为它正名，在《丧钟为谁而鸣》中，他写道，这种气味是一切事物的本质——干涸的土壤、凋谢的花枝、破碎的花苞；它同时也是人类死亡和新生的气息。

毫无疑问，这不是一种人们能简单喜爱或是憎恶的气味。这取决于如何认识土壤，及其包含的微型宇宙：肮脏的还是干净的？它是生命之源——植物、花朵、果实，抑或是疾病？反正，是不确定的。

尽管有人会对此感到惊讶，但是这种复杂的土壤气味启发了许多调香师。法国香水品牌麦和伦（MAD et LEN）出品的"黑土十九号（*N° XIX Terre noire*）"就是一款以土壤气味为基础的香水，这并非简单的泥土，它被看作是一种富有力量的土元素——炼金术的第一元素。树皮、木材、矿物和苔藓的气味环绕在泥土气味周围，这是一种合成香，能够真实呈现土壤原本的气味。

这种香水仿佛是土地的汁液，内部涌动着热量，但中间穿插着一行冰冷的水流，还有盘旋在灌木丛上方的一种神秘感——土地中可远不止人们所见的那些东西，它具有更强大的能量，远离人们的视野，就在大地的最深处。

含有这种气味的其他香水

品牌	香水名称	品牌	香水名称
DSH之香	肾上腺素和焦土 （*Adrenaline and Scorched Earth*）	CB我讨厌香水	绿石楠1968 （*Greenbriar 1968*）
液体创想 （Les Liquides Imaginaires）	权杖 （*Tellus*）	弗伽亚1833 （Fueguia 1833）	会议厅 （*Chamber*）
摩顿布朗 （Molton Brown）	天竺葵 （*Geranium Nefertum*）	解放橘郡 （Etat Libre d'Orange）	赫曼如影 （*Hermann a mes cotes me paraissait une ombre*）
爱慕 （Amouage）	臆想男士 （*Figment Man*）	动物学家	蝙蝠 （*Bat*）
罗伯托·格雷科 （Roberto Greco）	护目镜 （*Oeilleres*）	米欧·法修尼	遗忘 （*L'Oblio*）

为何受人喜爱

　　泥土的气味让我们探寻内心最深处，这里是万物的起源，是映射着广袤世界的微型宇宙，是复刻现实的小小世界。在这其中，一切都生于地底深处，而后不断向上攀援。这是对至真的回归，对事物本质的回归。

有何作用

　　这种气味，如此原始、纯粹，让我们重拾人类体验的物质性、我们最原始的本质，以及所有与第一脉轮有象征性联系的一切——我们的生存直觉和愉悦。

旅　行

的

气　　味

沥青的气味

\\\ 粗粝 \ 暴晒的公路 \ 风中乡愁

在整整几天后，沥青终于屈服于太阳无情的晒烤，在行人的踩踏之下逐渐化为一种黑色的混合物，此时沥青散发出自己独特的气味，并达到力量的峰值。它实际上有两个气味最盛的时刻：一是当它还散发着热气时，被倾倒在整压过的泥土上，形成路面；二是在炎炎夏日里的暴晒时刻。总而言之，高温能使它发挥出最强的嗅觉力量。

众所周知，融化沥青所需要的热量是具有标志性的。当气温上升到足以液化路面时，无论什么风景，都似乎在远处摇晃，就像海市蜃楼，前面就是66号公路。再过一会，你就会听到哈雷·戴维森的轰鸣，搭配着《生来狂野》(*Born to Be Wild*) 的乐声，路面上零碎的荆棘枝条被沙漠里的风裹挟着不断翻滚。

这不禁让人立刻就想起传奇旅行的代表——凯鲁亚克的《在路上》(*On the Road*)。因为沥青是旅行的代名词：它会让你将自己所熟知的都抛在脑后，一切都重新洗牌，然后在未知中随机抽取，带领你探索外在与内在的陌生世界。正是这种位移上的偏离将旅程变为一个成长之旅，或者用约瑟夫·坎贝尔（Joseph Campbell）在《英雄之旅》(*Viaggio dell'eroe*) 里的话说，这是一场探究人类原型的旅程，其终极目标是发现真实的自我，因为正如尼采在《快乐的科学》中写的那样——"你将成为你自己"，我们应当成为我们本该成为的人。

　　但是，尽管具有强烈的象征意义，沥青的气味仍然是非常具体的：刺鼻且具有穿透力，主要来源于沥青混合物。这种混合物从石油衍生物转化而来，与沙、砾石和碎石一同混合，经过加热后铺在路面上。在这些不同种类的化学物质中，我们可以找到硫、一氧化碳和各种多环芳烃。

　　这种气味并不吸引人？是的，确实。它既不细腻，又不优雅。老实说，如果过量吸入并不健康。但它拥有自己的魅力，它所属的同类气味家族也是如此：大部分气味是出人意料的、古怪的、略显粗糙的，例如搪瓷、溶剂、记号笔、复印件、胶水，主要都是一些乙烯基物质。尽管如此，我们仍然喜欢这些气味，虽然一开始它们可能使人感到惊异。

　　与嗅觉特征相比，这种气味的吸引力更在于其传递的丰富想象。旅行中所呈现的广阔世界为它披上华丽的外衣，将它投射于传说中，在一个令人着迷的叙事宇宙中安静地扮演着配角角色。这是一个充斥着汽油、废气和机油的宇宙，没什么温和的气味，但绝不缺乏各种冒险和浓烈的情感。

　　在村上春树的《且听风吟》中，沥青的气味变成了乡愁记忆的一部分，那是情感的一部分。它飘散在海滨的微风中，重新唤起那些逝去的夏天的记忆，无数画面随之闪现：恋爱中的少女、摇滚歌曲、香烟……这些某种不复存在的事物的气味，已然消逝在时间的迷宫之中了。

　　说到底，沥青的气味是一种可能性，在冒险的愿望的驱使下，出发、行走、返回，然后再重新出发。无论多么突兀和粗糙，它都充满了活力、速度和无限的可能。

　　有如此诱人的图景，这种气味如果不在香水界里走一遭，那就太遗憾了。

　　事实上，香水的想象家们是不会放过它的。美国的香水品牌就光明正大地在香水的叙事能力上大做文章：每一款香氛都是一个假想作者在讲故事，带有一丝反讽意味。"眼镜蛇与金丝雀"（*The Cobra and the Canary*）就像一篇嗅觉的公路小说，完美融合了这种感觉：在一位预言师的帮助下，23岁的尼尔·奥里斯在谷仓中发现了已故父亲的秘密爱好——一辆完好无损的1964年的谢尔比眼镜蛇跑车。这是一个绝佳的机会，和朋友艾克一起逃离康涅狄格州的乡村，前往棕榈泉的环形赛车道。在那里等待他们的是臭名昭著的汽车旅馆、性感女人、鸡尾酒、泳池派对和香烟。在这数百公里的旅行中，他们将失去纯真。

扑鼻而来的是谷仓的干草气味，跑车中被磨损的皮革的气味，周边植物园中的新鲜烟草的气味，这其中还加入了沥青基香中的矿物气味，以及当跑车飞驰而去时，带起的沾染了尘土的鸢尾花香（iris，后来在英文中称为 orris，就像故事主人公的名字）。

含有这种气味的其他香水

品牌	香水名称	品牌	香水名称
川久保玲	柏油（*Tar*）	汤姆·福特	幻夜奢黑（*Noir Anthracite*）
特殊香氛	黑焦油（*Black Tar*）	贾克斯·佐蒂（Jacques Zolty）	哈瓦那之雨（*Havana Rain*）
CB我讨厌香水	伦敦湿路（*Wet Pavement London*）	麦德类	沥青（*Asphalte*）

为何受人喜爱

沥青是运动的气味，它并不想取悦于人，也无须如此。它就在那里，直截了当。人们喜爱它，因为它是运动和旅行的代名词，或许还代表着冒险精神。不论怎样，它的出现意味着平凡的日常生活即将中断，即将发生一些新鲜的或许是令人激动的事。沥青的气味代表着与停滞截然不同的一个反面。

有何作用

这种气味重新唤起了自由的感觉，仿佛有一种给世界按下暂停键的奢侈特权，让人得以来一次远足或是周末的郊游，或是一场不顾一切的旅行，体内腾起一丝电流流过的快感，似乎某些令人激动的事情即将发生。这种气味让我们感到冒险近在咫尺，每一分每一秒，只要我们愿意，触手可及。

汽油的气味
\\\ 污染 \ 工厂 \ 说走就走的旅行

我们从小就被告知汽油站是一个危险的地方，因为那里有来来去去的车辆，也因为那里存储着的是一种极易燃烧的燃料，突然我们发现其中有一个惊喜：虽然那里的汽油会引起污染，产生难闻的汽车尾气，从排气管排出，但是它不仅拥有漂亮的颜色，还有一种迷人的气味，你甚至会因此在汽油加满时感受到一丝不舍和遗憾。

石油气味爱好者的热情通常会使那些对此不感冒的人感到惊诧。但是我们当中还是有很多人喜爱这种气味的，至少在我的调查榜单中，汽油味令人难以置信地到达了第9位，在它的后面有名贵的花朵、美味的餐食以及其他令人愉悦的味道。（请参见第217页的调查结果。）

这种气味从哪里来？它有超过150种化学物质，从润滑剂到防锈剂，还有丁烷和丙烷等气体，但它的气味主要来源于苯。

正如我在这一章讲到的许多气味一样，汽油味由三叉神经系统进行识别，这种神经系统负责面部感觉，也负责感知刺激性的物质，比如洋葱被切开后释放的分子、氨气、汽油，还有那些令人愉悦的刺激，比如碳酸饮料中的气泡，辣椒的辣味和食醋的酸味。

根据某些理论，对汽油味的爱好与负责接收苯的神经有关，它能产生多巴胺（一种快乐激素），来激活神经的满足回路。

某种意义上，我们正致力于回避汽油：混合动力车已经十分常见，以特斯拉为代表的全电动汽车也正日趋占领我们的马路。未来这种气味也许仅仅会是一种回忆。而20世纪50年代的景象则完全不同，那时所有与污染有关的气味，包括废气，都是文明进步的标志。正如约翰·厄普代克在《人人怀孕的年代》中写的那样，那时的人们甚至完全不担心环境污染。汽车尾气、香烟或是工厂废气，这些在当时都被认为是"浪漫的"。

随着时间的流逝和时代品位的变迁，气味的意义也在不断发生改变。虽然环保意识已经使人们更加深刻地认识到人类活动给世界带来的影响，但与污染性气味的情感联系仍然存在。因此，对汽油味的喜爱也取决于人们对童年或是过往的记忆联结，它们或许是关于家庭郊游、与朋友一道结伴旅行，或是关于漫无目地四处游荡。一闻到汽油的味道，我们便无意识地想到玩乐、钟爱的人与事，当然还有旅行。在去某个地方远行之前，我们会在油箱里加满油，此间的停留，象征着一段旅程的开始。无须从一个海岸航行至另一个海岸，只要加上汽油，就可以让某些事情发生。

有这些与其他气味类似的诱惑力，也就不奇怪汽油为何会进军香水界了。或者正因为如此，几年前，大众汽车委托柏林香水品牌托尼斯之香（Frau Tonis Parfum）推出一款以汽油为灵感来源的限量版香水，叫作"汽油回忆（*Mémoire de Pétrole*）"。

皮埃尔·格拉姆（Pierre Guillaume）的"巡航（*Croisière*）"系列香水中，"金属狂啸（*Metal Hurlant*）"就是一款献给旅行的香水，它的名称取自莫比乌斯（Moebius）创办的同名老牌漫画杂志，但狂啸的金属其实指的是一辆在柏油马路上全速飞驰的机车，驾驶它的是一位肌肉发达的摩托车手，身穿皮革，戴着安全头盔。这里刻画的是一个极具男性气概的形象：有金属、汽油、沥青和被灼烧的橡胶，皮革衣裤相互摩擦发出的声音，隐约的麝香，这些和我们的摩托车赛手一样性感。在这个关于氛围的嗅觉故事中，我们喜欢把他想象成一个有点痞帅、脾气有点坏的男性，就像这款香水一样。

含有这种气味的其他香水

品牌	香水名称	品牌	香水名称
圣玛丽亚修道院 (San Maria Novella)	留恋 (*Nostalgia*)	希瑞娜 (Xyrena)	希瑞娜66号 (*Xyrena 66*)
特殊香氛	黑焦油 (*Black Tar*)	鲁比尼 (Rubini)	努瓦拉里 (*Nuvolari*)
异者之香 (Strangers Parfumerie)	伐木工古龙 (*Lumberjack Cologne*)		

为何受人喜爱

　　汽油的气味通常会使人产生积极的联想：与家人和朋友一起度过的快乐的回忆、郊游、旅行、假期和无忧无虑的时光，我们几乎无法将这种气味与重现的回忆分开。

有何作用

　　如果汽油的气味与快乐回忆相联系，它会将我们带回到那个场景中：和父母去乡村远足，与朋友一起流浪冒险。尤其强烈的是冒险过程中涌出的兴奋感，它源自与现实短期或长期的脱离，去到别处寻求新奇，感受脸上拂过的风，还有地平线上的太阳。

汽车的气味
\\\ 车漆 \ 皮革 \ 权利与自由

　　远行的可能性是建立在速度和金属之上的：火车、轮船、飞机、摩托，但比这些更加日常和便携的交通工具是汽车。车是自由的象征，拥有一辆自己的车就意味着拥有独立行动的能力，相比其他经历，这更能标志青春期的结束和成年时期的开始。这种现象最早出现在20世纪60年代的经济爆炸式发展中，经济红利使得国家各层面的群众都得以拥有一辆汽车，出行变得更加方便。自那时起，人们开始频繁地郊游、旅行，去乡下远足，或者在八月去海滨度假，整个世界都变得可移动了。

从嗅觉角度来看，汽车是一个微型宇宙：新车散发出所有构材的气味，而旧车则会逐渐沾染上主人的气味。

虽然是无机物，但这个奇特的造物在某种程度上能够以极其丰富的气味来表达自己，就像生物一样。当三元催化器失灵时，汽车会发出臭鸡蛋的味道；如果排气歧管漏油，我们能闻到油烧焦的味道；加热系统中的冷却液泄露，会散发出糖浆的甜味；如果刹车出问题，我们会闻到烧焦地毯的味道；如果发动机的软管有问题，那就会散发出橡胶烧焦的气味；当空调蒸发器中有霉菌时，我们甚至能闻到更衣室或脏袜子的气味。

但是它产生的最惊艳的气味，是众人熟悉的新车的气味，这是一种混合了聚合物、车漆、胶水和润滑剂的味道。这是一种极其特殊的体验，不仅仅是气味，还有它所象征的一切：独立、权力和自由。对某些人来说，汽车还是成功的标志，他们的身价与汽车的造价直接相关。

著名的汽车香水公司奇迹树（Arbre Magique）出品了新的汽车香氛，这也是汽车强大象征力的证明，比如"米克诺斯微风（Brezza di Mykonos）"和"卡普里柑橘（Agrumi di Capri）"。作为汽车的嗅觉复刻，它们也挺不错。

汽车的气味自诞生起就是活力的象征。在马歇尔·普鲁斯特的《追忆似水年华》第五卷《女囚》中，主人公躺在巴黎公寓中的床上，从打开的窗户中"欣喜地"闻见了汽车尾气的味道：这是另一种强大的"玛德莱娜"。这种气味逐渐与巴尔贝克夏日的午后回忆融于一体，开车去乡村郊游，狭小的房间中，在他的周围绽放着"矢车菊、罂粟和三叶草"，令人陶醉。这种气味变成了"灵活移动和力量的象征"，激发了男人心中上车驾驶的欲望，不是为了同过去一样，与熟识的女性去熟悉的地方，而是"为了在新奇的地点同陌生女人缠绵"。

　　关于这种气味的反面，菲利普·K.迪克（Philip K. Dick）在他的《敌对之地》中进行了很好的叙述。布鲁斯·史蒂文斯是一位美国商业经理，他在一辆状况不太好的汽车前，闻到一股轻微的模糊又令人作呕的气味，昭示了这辆汽车的情况正在恶化，就像是一个生物生病了。这是一种悲伤的气味，如同一个没有实现的承诺，一个错失的机会。这里埋藏着已被浪费的非凡潜力，无人尊重也无人在意这台车能够实现什么。

　　汽车也进入了香水界。日本香水品牌川久保玲在"嗅觉图书馆合成系列6（Olfactory Library, Series 6 Synthetic）"中创造了"车库（Garage）"这款颇具挑衅气味的香水，表面上闻起来一点也不令人愉悦。事实上，这是在致敬一种理想化的想象，自儿时起我们就一直梦想成为大人，着迷于父亲的车库，还有那里各种神秘的工具，车库里的世界看起来是如此成年化，如此"富有男性气概"，牢牢地吸引着我们。这是完全男性化的浪漫主义。这款香氛让人想到理想中的干净无菌的车库，它更接近于新车的气味，而不是油腻腻的肮脏的车库。这款香水以新轮胎的橡胶气味打头，随之而来的是汽车座椅的皮革气味、汽油和塑料味。因此虽然以金属和橡胶为基底，但这款香水的气味比雪松和香根草更加柔和，更富有木质调；乙醛软化了整体的气味，但不会太多。调香师玛丽约德·库切布鲁士（Marie-Aude Couture-Bluche）也创造了一款冷酷而干燥的香氛，使得汽车成为成年途中的理想标志。

含有这种气味的其他香水

品牌	香水名称	品牌	香水名称
圣玛丽亚修道院	留恋 (*Nostalgia*)	野滴香水 (Wild Drops Parfums)	车库 (*Garage*)
艾绰 (Etro)	橡胶 (*Gomma*)	阿克米亚香氛 (Alkemia Perfumes)	机械降神 (*Deus Ex Machina*)
宝格丽 (Bulgari)	黑茶 (*Black*)		

为何受人喜爱

汽车的气味，尤其是新车的无机化学的气味，还没有经过生活的浸润，这是一种象征着可能性和独立自由的气味，活力无限，令人振奋：那里有蠢蠢欲动的冒险故事，等待你去采撷。

有何作用

这类香水让我们想起一台准备就绪、正待出发的新车带给我们的兴奋感，想起那种购买它、将它占为己有，并知道如何使用它的掌控感。它还使人想起少年时期第一次驾驶时所感受到的激动振奋，标志着向成人世界的进发。

河流的气味

\\\ 河泥 \ 藻类与细菌 \ 黏稠而潮湿

已经习惯大海气味的人，第一次站在河流边，也会惊异于它的气味，以及水流的坚实：它以一种完全不同的方式回应现实，当你感到这其中的不同时，在那一瞬间，仿佛整个世界的物质和你所熟知的一切都像沙子一般，从指缝间流过。

河水的气味是一种局限于自身内部的紊乱的躁动，与大海肆无忌惮的自由截然不同。大海令人畏惧，河流则看上去更加易于理解，但不一会儿就会发现它同样十分神秘，难以捕捉，甚至更加危险，正是因为它有平静的外表，近在咫尺，似乎安全无害。但遗憾的是，统计数据显示——与大海相比，在江河与湖泊中死亡的人数更多。

不过河流能将水带到大海无法企及之处，它们广泛地支持着各城市的发展，滋养平原，涤净山谷。这其中的水多少有些浑浊，或多或少还经受了污染。当水流顺畅时，河流会散发出一种独特的自然的气味：泥土的气味，还有在它周围生长着的植被和生活着的动物的气味。这里我们只谈自然之味——江河独有的气味。

河流的气味取决于它的构成，取决于川流和停滞的水量。河流有可能变得浑浊或是死气沉沉，散发出鱼腥气，还有一种潮湿腐朽的气味。这是由于水中生长着藻类，时常光临河边的动物会在水中留下各种有机物质，以及周围的植被在水中逐渐腐烂。河流的气味叙说着它和周围一切生物的生活。

河流的这些气味主要源于水中的蓝细菌和藻类。前者主要在死水中通过产生 2-甲基异冰片和土臭素来散发出泥土味和潮湿腐朽的气味；而鱼腥气则归因于藻类制造的某种醛类化合物。

河流中藏着些难以驯服的野性，稍纵即逝。汤姆·罗宾斯（Tom Robbins）在他的作品《吉特巴舞之香》（*Profumo di Jitterbug*）中以梦幻的语调描述了前往新奥尔良途中的密西西比河。

路易斯安那州夏末的空气总是潮湿闷热，黏稠又充满肉欲的气息，就像密西西比河边茂密的植物散发出来的气味，逐渐与河水的神秘气味融为一体，这是一种颇具侵略性的、令人不安的且无法抗拒的东西。

河流周围的世界有一种不修边幅的凌乱，像一个蓬头垢面的人，毫不在乎他人的观感，而夏日的潮湿让它变得更加黏稠且充满肉欲，生出属于它的神秘的光晕，带有一点魔法，其中似乎还藏有某些非凡的秘密。

河流的湿润气味同样也进入了香水界，尽管远没有其他气味广泛。这种气味被"苔藓礼服（*Moss Gown*）"诠释得非常吸引人，且富有叙事性，这是独立天然香水的鼻祖普罗维登斯香水有限公司出品的一款香氛。

汤姆·罗宾斯描述的地域同样也是威廉·霍克斯（William H. Hooks）的儿童故事《苔藓礼服》的发生地，那款同名香水的名字便来源于此。它有点介于李尔王和灰姑娘的故事之间，讲述了一个善良有爱的女儿被虚荣的父亲赶出家门，因父亲更喜欢其他女儿的虚伪奉承。无处可去的可怜姑娘在河口迷了路[1]，于是在一片厚厚的苔藓上睡着了。醒来后，出现了一位女巫教她如何将苔藓变成一件魔法晚

1　这个河口是密西西比河三角洲地区典型的广阔水域，由河流的支流汇聚而成，动植物种类繁多，绵延几千公里，形成了一个水路网络。说得再广一点，整个路易斯安那州南部的沼泽地都被称为河口。

礼服，穿上它就可以让一个富有的地主爱上自己，找父亲算账。查兰·阿瑟（Charna Ethier）是该品牌的调香师，他创造了一款优雅如华丽晚礼服的香水，面料是用苔藓钩织的天鹅绒，用奶油般的檀香勾边，并点缀有交织着向日葵和含羞草香气的刺绣，还有波罗尼亚花和咖啡花朵迷人的香气，玫瑰与紫罗兰的性感，以及河口流水的慵懒，最终呈现出一种有些许复古，但诱惑非常的绿柑苔调。

含有这种气味的其他香水

品牌	香水名称	品牌	香水名称
动物学家	海狸 (Beaver)	尤娜姆 (Filippo Sorcinelli)	浓雾 (Nebbia spessa)

为何受人喜爱

河流的气味是与大自然的联结，这种表现并不像泥土那样具象，但是更有魅力，也更加不稳定，更加动荡、神秘和亲切。同时它也令人难以把握，我们永远无法真正认识它，只能任它流逝，这也是它的魅力所在。

有何作用

河水的气味具有一种诱人且神秘的特质，但是站在远处，我们肯定只能感受到记忆中那平缓水流中的平和，那奇妙的水晶般的色泽，以及水流形状千变万化的神奇。

大海的气味

\\\ 沙滩 \ 海洋生物 \ 塞壬的魔力

从海边归来时，我们的头发总是蓬乱，皮肤被太阳给晒透了，耳边回荡着海鸥尖锐的歌唱，四处都有不知何时沾上的贝壳与沙砾，除此之外，我们带回家的还有鼻间的大海的气味。

咸湿的空气，海边的微风，风雨后的大海，只要稍微想一想它的千种风情，就不由得屈服于它的魅力。谁知道这是怎样的一种诗情画意，是因为它的气味吗？不，也不完全是。

首先我们脑海中的气味是很多东西拼凑在一起的。那是一个微型宇宙，根据当地特点而异，但不是因为臭氧、沙子和盐分，现实远没有这么浪漫，它其实与细菌、激素和海洋蠕虫有关。

这是一种刺鼻的硫化物的气味，让人想起鱼的气味，它来自二甲基硫醚——一种细菌消化浮游生物过程中以及海藻代谢过程中产生的分子。然后还有二苯硫醚，这是一种由褐藻的性器官出于生殖目的产生的激素，某些海岸的干海藻气味便源于此。海鸟对二甲基硫醚和二苯硫醚的气味都非常敏感，因为它们揭示了浮游生物的存在，因此海鸟很有可能是通过它们的气味捕鱼。最后是溴酚，这类物质能产生碘的气味，许多甲壳类动物的气味也源于此，这是鱼类在消化海洋蠕虫和藻类时产生的。二甲基硫醚对人类生活也很重要，它在食品行业中被用于生产豆腐、酱油和清酒；另外，它还被添加至无味的气体中，来警示该种气体的泄露，它还用于生产乙烯，这种物质可以用来加速水果成熟。

　　最后可以确定的是：一般来说我们所认为的大海的气味，实际上是沙滩的气味。在开放的海域里我们闻不到，但是在陆地上，这种气味与拂过发间的海风、尖啸的海鸥和鞋中的沙砾一道，构成了我们关于大海的体验。

　　撇开气味不谈，大海是难以捉摸的，令人向往也令人恐惧，平静沙滩上的一切都是舒适的。然而不一会儿，在第一缕劲风和礁石上的预示中，大海露出了它狰狞的面目。这是一种绝美的感官体验，同时也具有深刻的象征意义：大海中蕴藏着某种应和着无意识的东西，这是一种深埋于诗歌中的象征，所有人都自发地，或者不由自主地回应它。我们没有办法说它不热情，或许还有一点疯狂。

　　在邓南遮（D'Annunzio）的诗篇《阿尔诺河口》（Bocca d'Arno）中，大海是一个有着超凡魅力的感官实体："万千碧波，泛着夸耀的泡沫"，之后变为一个个"金制的""巨大高脚杯"，"盛开着硕大奇异的花朵"，而他的情人呼吸着"咸湿的气味"——海的气味。

　　《新歌》（Canto Novo）也是关于田园随想的诗集，其中的爱侣感受着"东北吹来的风/浸润着盐和海藻的气味/在一片梦的深海里"。这本诗集在当时还受到了同时代某些人的嘲笑。事实上，居斯塔夫·福楼拜（Gustave Flaubert）在《狂人回忆录》（Memorie di un folle）中讲述了一个"为爱而死"的夜晚，不仅仅因为情人的存在，还因为"充盈的海的气味"。费德里科·加西亚·洛尔迦（Federico García Lorca）在其未完成的作品《无题喜剧》（Comedia sin titulo）中揭示了其中的秘密：大海的气味是具有魔力的，因为它来自海妖塞壬的胸膛。

　　许多香水都尝试吸收海洋元素。其中最具标志性的是"盐之

1　正如朱斯蒂诺·费里（Giustino Ferri）在《佛拉卡萨船长》的"我们诅咒这曲新歌"中说的："太多的海水，太多的民谣女歌手，尤其是她们身上散发出的'一千股饱含香气的风''啊，太多的香气'引发了'不知疲倦的、充满罪恶的爱欲'。"

海"，它是极具意大利特色的香水品牌罗马之香旗下的销售冠军。这
是无人沙滩前的大海，只有熟知某些特定地方的人才能领略其中的奥
妙。在这其中有海，有沙砾，或许有一些海鸥，肯定还有身后的野生
植物——桃金娘，由于这是地中海的沙滩，雪松的木质调再次证实了
这种植物原生态的纯粹本质。海藻的味道为整体增添了立体感，有
一种接近清新的气质，似乎只有微风才能搅动那海边的一隅宁静。

含有这种气味的其他香水

品牌	香水名称	品牌	香水名称
安霓可·古道尔 (Annick Goutal)	尊爵之香 (Sables)	DS杜加尔 (DS & Durga)	潜水员 (Skin Divers)
帝国之香 (Parfum d'Empire)	斯兰多拉之水 (Acqua di Scandola)	普佛德尔复	提兰尼克 (Tirrenico)
蓝色和平 (Comptoir Sud Pacifique)	莫图岛之水 (Aqua Motu)	奥图·巴里斯 (Orto Parisi)	百万富翁 (Megamare)
费宗	沙与太阳 (Sable & Soleil)	玛利亚·詹蒂莱 (Maria Candida Gentile)	海洋邂逅 (Finisterre)
非凡制造 (The Different Company)	盐花岩兰 (Sel de Vetiver)	BDK 巴黎香氛 (BDK)	夏日重现 (Sel D'Argent)
CB我讨厌香水	在沙滩1966 (At the Beach 1966)	嗅觉实验室 (Laboratorio Olfattivo)	盐田 (Salina)
CB我讨厌香水	于洛先生的假日 (Mr.Hulot's Holiday)	侯莫艾利格斯 (Homo Elegans)	塔齐奥 (Tadzio)

为何受人喜爱

　　它唤起人们脑海中所有与海有关的想象，某些景色美得令人眼花缭乱，如果是在明亮夏日里的假期中，那些景象会愈加美丽；在海边，人们近距离接触大自然，而大海正是自然最神秘莫测和令人神往的一种面貌。

有何作用

　　海的气味使人平静，蕴含着一股平和但强大、无法阻挡的力量，裹挟着狂风般的自由和美丽，这可谓是自然力量的巅峰，它联系着我们灵魂中最野性和本真的一面。

食　物

的

气　　　味

面包的气味

\\\ 烘烤 \ 政治意义与神性象征

烹饪是一个小小的日常奇迹：将简单的食材组合起来，使其远远超越单纯的相加。比如说面包，它的配料十分基础，只是水、酵母和面粉，这种变化太不可思议了，以至于让人敬畏。

当我在家做面包时，随着面包在烤箱中逐渐膨胀，香气四溢，我会觉得有些感动，似乎家这个地方变得有点不一样了，突然更加温馨、温暖和熟悉。

根据我的调查，面包的气味在意大利是最受喜爱的气味（请见第217页的调查结果），在世界各地的排行榜中，这种气味一直身居高位。在这种香气前，人们很难抑制自己的喜悦，通常会有突如其来的轻微的饥饿感。那么为什么它会如此令人难以抗拒？

M.F.K.费雪（M.F.K. Fisher）是美国著名美食作家，在《吃的艺术》（*The Art of Eating*）一书中，她写道，烘烤面包是一项几乎有催眠效果的活动，有点像古代仪式中的舞蹈，不仅能够驱散所有负面思绪，还可以使鼻间充盈着世间最美妙的气味之一——烘烤面包的气味，其难以描述的魅力在于它能够唤起人性中的纯真和快乐，这是令人难以置信的。

关于面包的语言从难以形容变为近乎神圣，并不是偶然：面包有自己的神性，这是一种十分特殊的魅力，能够将日常和卓越融为一体。面包远非一种简单的食物，它是一个比喻。在许多语言中，"面包"这个词被用来提喻食物，它也已经深入地渗透进我们国家的文化中，有许多和面包相关的不同固定用语。如意大利人们说"挣面包"，"把面包从嘴里拿出来"[1]，"把面包放到桌上"[2]。最后，"同伴（compagno）"这个词就来自拉丁语"cum panis"，意为"一起分食面包的人"。

人权活动家海伦·托德（Helen Todd）在1910年提出过"面包和玫瑰"的口号，这是一个关于生活的精彩总结。其中，面包有一个更加广泛的意义，指向家庭和庇护，而玫瑰指向与文化、教育和美有关的一切。

根据食品历史学家马西莫·蒙塔纳利（Massimo Montanari）的研究，我们的饮食文化建立在地中海饮食（和农业）的三座基石上：小麦、葡萄树和橄榄。几千年来，面包一直是我们的主食，用荣格的话说，这已深深地根植于我们的集体无意识中。

面包长久以来还具有政治意义。它是人民饮食的基石，因此被认为是一项基本权利，也是无数反抗运动的起因。在意大利，最著名的便是曼佐尼（Manzoni）在《约婚夫妇》（*Promessi sposi*）中记录的1628年的起义，以及1898年的米兰运动。我们怎能忘记法国的那次起义，它的起因与玛丽·安托瓦内特王后的一个可笑建议有关，这个建议虽然很著名，但未经证实，她认为人们可以转而食用牛角包来弥补圆面包的不足。如果我们一页页地翻看历史的书页，也会发现，几乎在所有的人民起义中，饥饿从未缺席，人们会袭击烘焙店来抢夺面包。

再来看面包的象征意义，它被投射出超越本体的面貌。在天主教的圣体圣事中，受到祝福的面包变成上帝在尘世的具体表现，是传递神意的一种元素。可以说没有哪一种食物能像面包一样具有高

1　意为作出牺牲。——译者注
2　意为维持生计。——译者注

度的象征性投射。

我们很难说到底有哪些是其魅力来源，但或许气味是其中之一。经过不同细微的调味和不同方式的制作烘烤，面包也会散发出不同的气味：在木质烤箱中烘焙的面包比工业化制作的更香；用母酵母发酵的面包比用啤酒酵母发酵的面包更酸，区别在于其中的酒精气味（金属气味的或发酵气味的）；用杂粮面粉制作的面包比用白面粉的多一些坚果味。

正如经常发生的那样，面包的美妙香味仅来自一群分子。其中最重要的是麦芽酚和异麦芽酚，它们赋予面包细腻的麦香和甜味，还有2-乙酰基-1-吡咯啉赋予其烘烤、坚果的香气以及表皮的松脆。正是在最后这种分子中隐藏着我们正在寻找的答案：因其嗅觉阈值较低，只需极少量就可被我们的鼻子感知。总之面包的气味有点像我们都能理解的一种语言，清晰且深刻，也是一则温暖熨帖的讯息，就在我们每个人的身边。

虽然这种气味似乎是烤箱和厨房专用，但它仍然进入了香水界。

阿蒂仙之香出品的淡香水"白树森林（*Bois Farine*）"是著名调香师让-克劳德·艾列纳（Jean-Claude Ellena）的灵感创造，在留尼汪岛旅行时，他受到了白树的花（名为"Ruizia cordata"）的气味的启发。据当地人说，这种树具有神秘的力量，我不知道他们说的是否真实，但可以确定的是它有一个奇特的特征：树上绽放的小红花具有面粉的香味，令人惊讶。这款香氛重建了人们对面粉和烘焙的嗅觉幻想，外加一点水果干的气味，立刻就唤起了人们对生面粉的回忆。这些面粉或散落各处或在刚出炉面包的表面结成硬壳，正如艾列纳所说的，这是一种嗅觉缩影，一种建立在坚果的烘焙调和鸢尾的细碎甜味之上的玄妙幻境，而雪松、愈疮木和檀香的木质调很好地平衡了这种甜美。

从更贪食的角度来讲，芦丹氏（Serge Lutens）的"皮肤游戏

（*Jeu de Peau*）"是童年的贪吃记忆，是一个孩童被派去面包店买面包的回忆。这款香水使人想起街上四处弥漫的面包店的馥郁香气，那是新鲜出炉的面包散发出来的香气，是谷物，也是糕点的气味，其中还有黄油、酵母、果酱和水果干。这是一款令人垂涎的明亮的香氛，还带有一丝正正好好的怀旧。

含有这种气味的其他香水

品牌	香水名称	品牌	香水名称
阿蒂仙之香	毒素 （*Venenum*）	希尔德·索兰尼	派对明星 （*Stelle di festa*）

为何受人喜爱

　　面包里有所有的一切：千年的历史，我们的精神文化根源，我们的故事，我们的家庭，饥饿后的饱足和慰藉。面包是一种没有惊喜的熟悉，是意料之中的愉悦，令人感到安心、可靠。

有何作用

　　面包的香味给人带来简单朴素的愉悦感，但同时也是强有力的，它唤起一种安全感、饱腹感以及烤得热乎乎的面包的温暖。它让我们感觉仿佛置身于一个可以栖身的港湾，在这里我们被接纳、被喜爱，深切地感受到一种慰藉，我们似乎处于世间的这一席之地中，被安全地保护着。

大米的气味

\\\ 淀粉 \ 烩饭 \ 东方的谷物

在意大利，大米的气味被精心裹藏在烩饭和汤汁里，被铺在夏季的沙拉碗中，还被填塞入某些烤蔬菜的空隙中。或许很少有人注意到它的气味。对异国饮食日益增长的兴趣，尤其是对印度和日本食物的关注，毫无疑问地帮助人们认识了这种气味：或许是在仔细淘洗用于制作寿司的大米时，或许是在进一步烹煮巴斯马蒂香米时，根据印度美食的要求，这种香米应进行长时间的烹煮以吸收水分获取香味。正是这种香米让我爱上了大米的香味，似乎永远也吃不厌这些细长、呈锥形的、优雅的谷物。

在印度以及其他东方饮食中，完全不加调料的米饭通常会搭配富含蛋白质的美味主菜，米饭的作用与我们的面包一样。

在世界上的某些地方，如果桌上没有米饭，那就称不上是真正的一餐。大米是世界逾半数人口的基本主食：在整个东方，日本和中国是食米最多的两个国家，印度和巴西也较依赖大米[1]。与面包类似，这种食物在语言中也具有重要作用，能表达多重含义：在日本，一日三餐中的米饭（gohan）既表示"米"也表示"餐"。在中国，有一句典型的问候语"今天你吃饭了吗"与我们的"你好吗"相同。夏威夷的美食作家万达·A.亚当斯（Wanda A. Adams）写道，大米的香味在夏威夷是如此熟悉，以至于成了家的代名词，代

---

1 在菲律宾、印度尼西亚、泰国、越南和缅甸也是一样。

表着妈妈或者奶奶，也代表着令人舒心的食物。

关于它的香气，泰裔美籍作家塔武特·拉普查罗恩萨普（Rattawut Lapcharoensap）在《旅程》（Sightseeing）一书中有一篇极富嗅觉特征的故事《在可爱的咖啡店》（At the café lovely），他写道，当母亲做饭时，他在远处就能分辨出向他飘来的米粒的香气。这是一种家的气味，充满慰藉，在败落的郊区，能闻见熟悉的气味便已是上天的恩赐。

大米的气味非常细腻，生米还有些许粉尘的气味，带一点稻香，尤其是陈米或淀粉含量较高的米。煮熟后，它会散发出极其幽微的花香、谷物香，还有轻微的烟熏味，有时带着花香和奶油调，或者香味更偏生涩，就像糙米。

巴斯马蒂香米和茉莉香米，也称泰国香米，具有特别强烈的香味，令人愉悦，但是我们国家的卡尔纳萝莉米、巴尔多米以及粗短的维雅罗内米同样有着高雅的香味，虽然相比之下十分微弱。这其中有化学上的解释。大米的气味主要源于大约15种化合物，其中最重要的是2-乙酰基-1-吡咯啉，带有一点榛子的气味，接近面包，所有类型的大米都含有这种物质，而在巴斯马蒂香米和茉莉香米中，这种物质的含量是其他大米的12倍。此外，各种广泛用于香水中的含氧醛类丰富了嗅觉层次，比如在巴斯马蒂香米中，就含有大量带有花香的庚醛，带有脂肪、奶油、花香和水果调的壬醛，以及略有榛果和香甜味道的戊醛。

在香水中呢？其实，大米很早就进入了我们的生活，最早自17世纪上半叶开始。在1693年和1710年的饥荒中，有约200万人死去，在那之后，大米以米粉的形式替代小麦粉。然后它被用来当作香粉使用，主要用于美白皮肤和漂白假发。法国大革命后，贵族势力式微，这种香粉也随之被弃，但又在19世纪末期卷土重来，作为一种具有日式情调的极细香粉，在美好年代（la Belle Époque）中风靡一时。不久之后，大米的气味进入了香水界。

堂岛（Dojima）是大阪的大米交易中心的名字，它诞生于1697年，具有悠久的历史。在这片街区中，大米的气味弥散在空气里，浓稠且令人陶醉。莫娜·奥锐欧（Mona di Orio）的"堂岛（Dojima）"就是一款围绕这一原材料而打造的香水。这款香水的前调是大米细腻的淀粉味，辅以鸢尾花的柔软以及茉莉花的明亮。鼠尾草在其中增添了一丝清凉的芳香，但是并未削减香水的热烈，反而强调了它，在肉豆蔻和香辛料的衬托下，琥珀香调和华丽檀香木包裹着这种甜美，构成一种温馨、柔软和明亮的基底。

含有这种气味的其他香水

品牌	香水名称	品牌	香水名称
阿蒂仙之香	卡马格颂歌 （Le chant de Camargue）	欧梦德·杰尼 （Ormonde Jayne）	黄兰花 （Champaca）
解放橘郡	柑橘米粹 （Fils de Dieu du riz et des agrumes）	动物学家	蜻蜓 （Dragonfly）
欧梦德·杰尼	私人定制 （Privé）	皮埃尔·格拉姆	米粉 （Poudre de Riz）

为何受人喜爱

大米这种谷物有一种优雅轻盈的气味，非常细腻且令人放松，能给人带来宁静与和平。只有当我们以东方的方式来煮米时，才能清楚地闻到这股气味，也就是不添加任何配料——它的气味令人感到温馨，有一点异域风情，神秘却温和。

有何作用

　　这种粉质的淀粉香味软软地包裹着你。它的气味让人感觉轻飘飘的，似乎身在米粉云朵里，浑身暖洋洋。这是一种令人舒适和安心的温和气味，带有一点异国色彩，它悄悄地钻入鼻间，轻柔地抚慰着你。

茶的气味
\\\ 茶道 \ 禅宗 \ 温润宜人

　　多年来，我怀疑有很多人认为茶只是超市里用小纸袋包装贩卖的那种，品质一般，主要来自印度和斯里兰卡，经常混合售卖，令人难以追溯它的来源。

　　直到最近，曾经对茶的单一认知才被丰富的品种打破：在货架上出现了一些特定种类的调味红茶和绿茶，以及许多花茶。

　　人们从漫不经心的喝茶人逐渐变为品茶爱好者，在这其中有一个明确的过渡，超市中贩卖的茶被专卖店里的散装茶叶所代替——这是至关重要的一个时刻。

　　懂茶，并非那么容易。首先，茶树的品质和种植种类就令人目不暇接，而经过不同程度的发酵，我们可以获得截然不同的茶叶。

　　茶叶在经过发酵和完全干燥后，会变为红茶。冲泡出来的是介于深棕和黑色之间的饮品，味道浓郁，富含单宁（这些红茶包括阿萨姆、正山小种、大吉岭、伯爵灰等类型），主要来自中国、印度和斯里兰卡。

绿茶的茶叶未经过完全的氧化，茶叶被收集后，这个过程就被阻断了。由绿茶冲泡出来的茶饮色泽明亮细腻，带有鲜明的青草气息和一点咖啡因。绿茶主要在中国（珠茶、龙井）和日本流行，其中日本只产绿茶（比如其中的煎茶、板茶、抹茶）。

将更新鲜细嫩的茶叶缓慢干燥，由此产生了更加精细的白茶，其冲泡而成的茶饮口感极其细腻，咖啡因含量极少，中国福建省的白茶较为有名（其中最著名的品种有银针、竹林、白牡丹）。

而乌龙茶则由部分氧化和炉内烘烤制成，但鲜为人知的是根据制茶方式和品种的不同，它有3000种类别可供选择。这种茶深受品鉴师的喜爱，香味浓郁，层次丰富，通常较受欢迎，但是价格昂贵。

普洱茶也同样受欢迎且昂贵。普洱的发源地是中国西南部云南省的一个区域，这种茶是通过特殊的双重发酵制成的，这个过程甚至可长达一年。普洱茶越陈，其味道越绵软，香气越浓郁。

那么红茶呢？虽然在颜色上与茶类似，但它是一个异类：它是由来自南美的一种红灌木植物（Aspalathus linearis）的叶子制成的，南非红茶又被称为路易波士（Rooibos）是一种令人愉悦的饮品，茶碱含量不高，但是富含矿物盐分。

这种饮品看上去毫不起眼，但实际上富有哲理和诗意，甚至是玄妙的。喝茶不能像喝咖啡一样，站在桌前一饮而尽。泡茶需要时间和专注力——茶叶的选择、水温的控制以及冲泡的正确时机。另外，我们还需等待合适的时间来品茶。茶艺需要我们对自身和自身的行为有清晰的认知，这种原则同样存在于源自西藏的精神活动——冥想（mindfulness）中，这种活动有助于人们将自己的精神力注入每一个行为，形成一种不具偏向的客观认知。

仔细想想，也就不奇怪为何这一饮品会成为日本茶道（Cha no

yu）的中心了，这种以禅宗为核心的精神活动在 15 世纪成形，主要聚焦于茶的制备和品鉴，或许这是禅意美学的最佳代表。事实上，根据禅宗和尚梦窗疏石（Musō Soseki，13—14 世纪）的说法，"茶禅同味"。因为从禅的角度看来，无论品茶或是喝山泉，吟诗或是咏歌，一个人在日常生活中所做的一切，都可以成为通往"顿悟"的过程。

而处于世界另一端的欧洲人，尤其是英国人，在 18 世纪的时候发现他们的生活离不开茶，而那时的茶叶仅在中国生产。对茶叶越来越大的需求几乎让英国濒临破产，因为它从中国的进口贸易额（除了茶叶，还有香料、丝绸和陶瓷）远高于对中国的出口贸易额。为了弥补上述商品的远洋交易成本，英国对茶的销售征收了极高的税，由此引发了 1776 年的美国独立运动，导致 13 个殖民地从大不列颠帝国独立出去。

接着，英国东印度公司为帝国找到了一种在中国贩卖的货品——鸦片，使得金钱源源不断地流入帝国的腰包。1840 年鸦片战争爆发了，英国得益于海军和重型火炮的优势获胜，同时还鼓励印度殖民地种植茶叶，由此最终降低了中国茶叶的价格。

对亚历山大·普希金来说，一杯茶和一小块方糖就足以使人欣喜若狂，东方的冈仓天心（Kakuzō Okakura）则在《茶之书》（1906）中写道："茶香是最高级的，因为它没有葡萄酒的高傲，咖啡的骄奢，以及巧克力矫饰的天真。"事实上，在这本书中，作者还深入地认识到茶与精神之间的联系，分析了其中的象征意义，包括与禅、道，以及与其他东方生命哲学的联系。冈仓回忆说，茶最初是一种药物，之后变为饮品，然后成为诗，一直到 15 世纪，日本将其升华至宗教美学的高度，也就是茶道——正如他写的，一种基于"对美的崇拜"的信仰。

"茶是一种内在的气味，在饮入后，它就长久地留存在我们的体内"，世界上最权威的品茶大师之一曾玉惠（Yu Hui Tseng）这样认为，她还解释说，相较于葡萄酒的气味，茶香更加轻盈、更加丰富，但也更加飘忽，香味聚散得更快，因此需要更多练习。[1]由于品质和品种的多样性，定义一种专属于茶的特性气味显得愈加困难。大致来讲，绿茶散发出一种鲜明的草本香味，带有菠菜、碘、海藻、洋蓟和西葫芦的气味；红茶带有独特的焦糖、干果、烤小麦的气味，还混有一点矿物质和香草气；乌龙茶具有圆润的奶油香味；陈年的普洱茶则散发出干叶、泥炭和蘑菇所特有的湿润的泥土气息。那么这些气味是从哪里来的？它们来自一系列具有挥发性的化合物，根据茶叶的品质、发酵和风味不同，这些化合物也并不相同。

比如在乌龙茶中，茶香就源于山茶树产生的萜烯。此外，还有茶氨酸——一种能减轻精神和身体疲惫的氨基酸，茉莉花内酯——一种具有桃杏香气的分子，以及其中的吲哚结构和反式橙花醇——一种具有新鲜树皮的木质香气的倍半萜。

一掀开茶壶的盖子，这些香气就会和茶水的蒸汽一同飘散在空气中。而茶的味道则是源自冲泡过程中的可溶性化合物，其中最主要的是多酚类物质。

香水界，茶帮忙构建了许多艺术香氛的香气。

克利安（By Kilian）出品的"御茶（*Imperial Tea*）"，由卡丽切·贝克尔（Calice Becker）调制，前调是丰富的绿茶、草本和蔬菜香，微微有些苦涩，其中融入了茉莉香，端庄自然，花香浓郁，富有热情且令人神魂颠倒。这种香精外包还裹着蜂蜜和橙花调的香气，使整体的香气变得明亮起来，显得更加温婉友好。

安霓可·古特尔（Annick Goutal）出品的"茶岛（*Ile au Thé*）"是一款受济州岛之旅启发的香水。济州岛是韩国的一个岛屿，在这

1　Béatrice Boisserie, *Ogni tè racconta la sua storia*, in Nez #06, autunno inverno 2018.

里茶树与橘树交错生长，营造出一段明亮且令人难忘的嗅觉旅程。在这款香水中，茶的菁纯与碧绿的草本香，还有柑橘香的明亮完美交融，最后以桂花的甜美与苔藓的柔软作为结束。

含有这种气味的其他香水

品牌	香水名称	品牌	香水名称
阿蒂仙之香	毒素 （Venenum）	米兰面具	俄罗斯茶 （Russian Tea）
阿蒂仙之香	梵音藏心 （Dzongkha）	皮埃尔·格拉姆	马特莱 （Hyperessence Matale）
阿蒂仙之香	绿夏清茶 （The Pour un 'Eté）	凯科·麦彻瑞 （Keiko Mecheri）	山茶花 （Camellia）
灵魂之都 （Soul Couture）	心愿 （Votum）	玫默 （Memo）	冬宫 （Winter Palace）
提尔肯伯纳 （Teo Cabanel）	夜玫瑰 （Oha）	宝格丽	绿茶（Thé Vert） 白茶（Thé Blanc） 红茶（Thé Rouge） 蓝茶（Thé Bleu） 黑茶（Thé Noir）
罗拔贝格 （Robert Piguet）	茶 （Chai）	伊丽莎白雅顿 （Elizabeth Arden）	绿茶 （Green Tea）
欧梦德·杰尼 （Ormonde Jayne）	气 （Qi）	米勒·海莉诗 （Miller Harris）	午后伯爵 （Tea Tonique）
阿蒂仙之香	碧珀凝香 （Tea for Two）	想象之旅 （Voyages Imaginaires）	茶与摇滚 （Tea&Rock 'n Roll）

为何受人喜爱

温润的茶香扑鼻而来，温热的茶水令人心旷神怡；事实上，人们一般在寒冷的时候饮用茶水，以此来温暖手、身体和灵魂，又或者是和朋友或亲近的人一道，进行一场穿越时空的优美仪式。

有何作用

它的香气唤起了茶带给人们的慰藉和温热，温暖而甜美；它具有提神醒脑的功效，能够开辟出一方脱离俗世的宁静角落，透着欢喜与纯粹的美。与人共处时，喝茶就是一次令人愉悦的暂停，放慢节奏，享受这一愉快时刻；在独处时，喝茶就会给人带来平静，这是属于自己的时间，寂静且专注。

咖啡的气味

\\\ 烘焙 \ 新的一天 \ 灼热而原始

我们永远不要只看事物的外表。咖啡，与它充满诱惑力的气味一道，是我们早晨毫无争议的主角，在这家常又无辜的咖啡味空气背后，隐藏着被埋葬的过去——咖啡曾被指控与恶魔势力有关，因此险些被教会禁止食用。

这是如何发生的？这要从早前说起，咖啡起源于埃塞俄比亚，随后在15世纪传遍整个中东，直到16世纪末才得以进入欧洲。它先由土耳其奴隶带入马耳他，17世纪初又从马耳他传入威尼斯。但是，因为咖啡是由土耳其人带进来的，而这个民族在当时被视为异教徒，另外咖啡是黑色的，即恶魔的颜色，教会的许多教士认为喝咖啡是一种致命的罪过，于是就上报教皇克莱蒙特八世，希望他下令禁止咖啡。但是教皇在品尝过咖啡后非常喜欢，重新为咖啡正名，建议给它施洗，将它变为一种基督教饮品。

咖啡传播的中心是威尼斯，早在大约17世纪末，这里就已经遍布着咖啡店，人们在此喝着这种珍贵且价格不菲的饮料，咖啡在那时便开始时兴。在18世纪末，咖啡馆的数量已逾200家，它们成为知识分子和地下情人碰面的地方：咖啡馆一直背负着不道德的坏名声。

在1732年至1734年间，约翰·塞巴斯蒂安·巴赫创作了《咖啡康塔塔》（*La Cantata del caffè*）[1]，讲述了一个年轻姑娘试图说服父亲接受她对咖啡的热爱，她认为咖啡是"甜美的，比千万个吻更加美味，比圆叶葡萄更加柔软"，而她的父亲则认为这是一种轻浮的时尚。今天，咖啡对很多人来说是提高工作效率的必需品，当你昏昏欲睡时，只需一点小小的精神刺激，就可将你从懒散中唤醒。它的气味就是早晨的气味，是充满能量和责任的、元气满满的气味。

村上春树精辟地将咖啡的气味定义为区分白天和黑夜的气味。[2]事实上，只要闻到这股气味，我们的潜意识就会认为现在是早晨，是时候醒来开始新的一天了。或许正是由于这种心理联系，咖啡气味变得更加令人兴奋。另外，咖啡不仅仅只是一种气味，它还有很多变体，在我的调查中，咖啡本身气味受喜爱程度列于第4位，但是有一些和它相关的气味，比如"现磨咖啡或咖啡粉的气味"在第22位：

1　*Schweigt stille, plaudert nicht*（安静，别聊天），BWV 211.

2　In *L'incolore Tazaki Tsukuru e i suoi anni di pellegrinaggio*, 2013.

它们具有相同的气味基调，但不可否认的是它们具有不同的特征。

我最喜欢的是烘焙咖啡的气味，它富有童话般的气息，混合着榛土耳其咖啡的香气，像土耳其咖啡一般，圆润却没有咖啡的焦香，是一种很简单的完美。在摩卡壶中煮出来的咖啡明显更具沉重的金属感，也就减了几分它的魅力。

英国喜剧家兼戏剧导演约翰·范·德鲁登（John Van Druten）在他的喜剧《海龟之声》（La voce della tartaruga）中讲述了两位主角之间的玩笑话——萨丽发现咖啡的味道并不如它的气味那样令人愉悦，比尔开玩笑说，如果他是女人，他会把咖啡当作香水喷在身上。

这不是诱惑的问题，更确切地说不仅仅是诱惑的问题。咖啡的身上带有一丝神秘，因其自身包含的诸多矛盾：颜色深但令人舒适，甜美的同时也苦涩，温暖但富有刺激，熟悉但总是濒临禁止，比如父母因我们年龄太小禁止我们喝咖啡，有时是医生、营养师或者牙医建议我们不要过度饮用，或者禁止我们饮用。

说回气味，咖啡由超过1000种分子构成，但只有其中的100种分子决定了它的气味。咖啡那童话般的气味主要在烘焙阶段形成，冲泡的过程只是这些化合物分子从液体中抽离，随之散发至空气中的过程。咖啡因是无味的，但是在咖啡的芳香化合物中，醛类会带来果香和草本香，呋喃会带来模糊的焦糖味，吡嗪衍生物会增加烟熏味、坚果味、黄油味或泥土味，愈疮木酚和其他酚类化合物会产生烟熏味和香料的气味。还有一些含有硫的化合物，它们本身的气味并不好闻，但与其他味道结合起来便会很有趣：2-糠基硫醇和糠基甲基硫醚会产生类似烘烤和硫的气味；甲醇会散发出一种腐烂的卷心菜的味道；阿拉比卡咖啡中的3-巯基-3-甲基乙酸丁酯具有浓郁

1 尼古拉·卡普拉索（Nicola Caporaso）等，"Variability of single bean coffee volatile compounds of Arabica and robusta roasted coffees analysed by SPME-GCMS"，Food Research International, 108, 2018, pp. 628-640.

的烘烤香气；而根据一些人的说法，3-巯基-3-甲基丁基甲酸酯则具有草本植物、水果和……猫的气味！

　　在香水界中，咖啡的味道通常会给香氛带来灼烧、粗糙和狂野的调性。比如鲁比尼（Rubini）调制的"神圣的鼓（*Tambour Sacré*）"，这是一款纯香水，其灵感来源于非洲，具有催眠般的效用，就如同昭示着非洲大草原上神圣仪式的非洲鼓。它优美而强大，既像灼热的火焰又像包容的胸怀，富有原始的感官享受。其诱人的香味以无辜的柑橘香为开端，看似纯真，但真相随即揭开：迷人的晚香玉熔于灼热的咖啡香，辅以最粗野、不可阻挡的豆蔻，随后是零陵香豆和安息香的脂香，好似一阵温柔的抚摸，不仅没有浇灭其中的灼热，反而点燃了它。

含有这种气味的其他香水

品牌	香水名称	品牌	香水名称
皮埃尔·格拉姆	桑巴卡 （*Sambaka*）	麦基达·贝卡利 （Majda Bekkali）	神圣相融 （*Fusion Sacrée Obscur*）
蒂普提克 （Diptyque）	弗罗拉 （*Florabellio*）	煤油 （Kerosene）	追随 （*Follow*）
凯利安 （Kilian）	黑夜魅影 （*Black Phantom*）	阿蒂仙之香	精致黑咖啡 （*Noir Exquis*）
蓝色和平	香草咖啡 （*Vanille Café*）	动物学家	麝猫 （*Civet*）
卡普里岛 （Carthusia）	特拉米亚 （*Terra mia*）	希爵夫 （Xerjoff）	金色阿拉伯壶 （*Golden Dallah*）

为何受人喜爱

咖啡的气味仍然是一种嗅觉记忆，自儿时起，它就是一种神秘的存在，似乎是某种特殊的成年人专属品，值得品尝。它能够将我们从早晨的困倦中唤醒，为我们注入新的活力：这样一种微小却非凡的能力使其变得弥足珍贵。

有何作用

咖啡的香味使人振奋，早上起来让人精力充沛，午饭后让人进入工作状态，晚饭后让人摆脱餐后的困倦，立刻行动起来。它让你感觉更强壮、更有活力，保持机敏。

蜂蜜的气味
\\\ 质朴 \ 黏稠甜美 \ 丰富感性

蜂蜜是人类所知的最早的甜味剂之一，早在8000年前人们就认识了蜂蜜，古埃及、美索不达米亚、印度、古希腊、罗马帝国和整个中东，都有使用蜂蜜的记录。它不仅被用作日常营养品中的甜味剂、调味品和防腐剂，而且还用于神圣的葬礼，以及被加入药物和化妆品中。

11世纪之前，糖在欧洲几乎不为人知，但在后来的几个世纪里，糖变得稀有昂贵，它被认为是一种香料、调味品和药物并且被看作是危险物品，必须小剂量食用。

蜂蜜同样也是珍贵品：它是国王以及其他贵族珍贵的礼品，用以传承，可以用来缴税或是作为货币来交换。

蜂蜜的珍贵在《圣经》中有所体现，它出现在隐喻耶路撒冷之殇的段落中。这部分描述了耶路撒冷荣耀的巅峰，与眼前的断壁残垣形成鲜明对比："你以金银为饰，以细麻、丝绸和刺绣制衣，以细面、蜂蜜和油为食，你变得愈加美丽，最终成为王后。"（《以西结书》16:13）因此，蜂蜜象征着一定的宗教权威，但同时也是感性的。

蜂蜜的黏稠和甜美令人无法抗拒，它常被用来代表欲望或是爱人甜蜜的诱惑。《雅歌》（4:11）中写道："你是如此的漂亮，我的朋友，你是多么的漂亮……你的嘴唇像是涂抹了处女或新娘的蜜汁，你的舌头下藏着蜂蜜和牛奶，你的衣服闻起来就像是黎巴嫩。"对于蜂蜜和激情，如果不加控制是危险的，所以在莎士比亚笔下的罗密欧与朱丽叶的故事中，罗密欧被修士洛伦佐告诫："至甜的蜂蜜确实美味，但吃多了也会恶心，让你没胃口。因此爱要适度。这样才会让爱天长地久。"

蜜月是属于新婚夫妇的时刻，根据传统，他们将最终沉溺于感官享受，这种传统源自斯堪的纳维亚，可以追溯至公元5世纪，它鼓励人们在此期间饮用蜂蜜酒，这是一种由蜂蜜发酵制成的酒精饮料，是一种著名的春药。

后来，在20世纪，作家赫伯特·乔治·威尔斯（H.G. Wells）的一位情人揭开了这位作家的一个秘密，他不知疲倦地引诱他人，尽管貌不惊人，但他的身上总是散发出令人难以抗拒的蜂蜜气味。

蜂蜜的英文——Honey，至今仍然是对爱人的称呼；另外，由大师米洛·马纳拉（Milo Manara）执笔刻画的一位女性人物就叫作"蜂蜜（Miele）"，她是意大利色情漫画中最受喜爱、最具标志性的女性人物之一。

　　然而，蜂蜜的产生并没有什么性感之处，恰恰相反，这个过程不过是工蜂采来的花蜜被更多昆虫不断地吞食、消化和反刍，最后并未分离成葡萄糖和果糖，而是沉积在细胞中，在两三天的时间中，水分进一步蒸发，从而完成脱水，最后变成蜂蜜。

　　蜂蜜的气味（和味道）来自几个因素，其中包括苯甲酸、肉桂酸、苯乙酸等一些酚类化合物，但它的气味主要取决于蜂巢周围植物的芳香类物质，它们的分子构成决定了它们在气味上的细微差别。例如，从蜜蜂采蜜的芳香类植物中提取的精油含有萜烯，这种物质同样存在于薰衣草、百里香和野花蜂蜜中。除了提供特定的花香外，这种萜烯类物质还是很好的标识，既可用于植物鉴定（这里说的是单花蜂蜜，至少45%的花蜜应该来自单一植物品种），同时也彰显着蜂蜜本身的极高品质。

　　蜂蜜是一种富有活力的物质，处于不断的变化之中，它的味道因各异的蜂巢而不同，或是因为岁月的流逝，而产生细微的差异，年复一年，就像葡萄酒一样。虽然蜂蜜几乎不会过期，但它的味道和营养特性最多只能维持两年的新鲜期。

　　那么它的气味呢？正如伟大的俄罗斯诗人安娜·阿赫玛托娃（Anna Achmatova）在同名诗中所写，野蜜散发着自由的气息。这是一种质朴的、未经提炼的、复杂的气味。确实，在香水中，蜂蜜带出了令人惊讶的动物性的一面，仿佛揭示了它小心隐藏在甜美温暖表象下的真实本性：它有一种肉欲的、几乎是色情的感觉……这是一个意想不到的转折，它原本看上去只是无害的糖浆。

　　香水界从很早就已经开始利用蜂蜜的丰富与感性。例如，在诺拜1942（Nobile 1942）调制的"大师妙想（Il capriccio del Maestro）"中，蜂蜜被准确地用来象征诱惑。这款香水是献给普契尼的，具有不屈不挠的意志和敏感的心灵，这款香水为他描绘了一种嗅觉肖像：一位杰出的音乐家，但同时也是鲁莽、才华横溢和幽默的诱惑者。它的前调是多愁善感的兰花、朗姆酒和香料，随之而来的是温暖而敏感的蜂蜜和烟草，蜂蜜代表了音乐家对享乐的原始热爱，烟草则意味着对雪茄的痴迷。这款香水的后调是柔和、包容和感性的，富含馥郁的香脂和诱人的麝香气息。

含有这种气味的其他香水

品牌	香水名称	品牌	香水名称
希拉姆·格林 (Hiram Green)	慢潜 (Slowdive)	内奥米·古德瑟 (Naomi Goodsir)	伊斯兰宫闱 (Or du Serail)
皮埃尔·格拉姆	情证今生 (Indochine)	纳布科 (Nabucco)	阿蜜缇丝之香 (Amytis Parfum Fin)
莫娜·奥锐欧	梅利维拉 (Mellifera)	米勒·海莉诗	城之寻 (Hidden on the Rooftops)
芦丹氏 (Serge Lutens)	树之蜜 (Miel De Bois)	科吉雷特 (Coquillete Paris)	仙果 (Ambrosia)
麦德类	马穆克 (Mamök)	弗伽亚1833	微笑 (Muskara Apis)
凯利安	坠入黑夜 (Back to Black)	动物学家	蜜蜂 (Bee)
安娜托·莱布顿 (Anatole Lebreton)	光耀之木 (Bois Lumière)		

为何受人喜爱

蜂蜜温暖、柔和、令人愉悦：传统食谱中从不缺少蜂蜜，它总是在悉心关怀的时候出现，无论是为甜点的味道增色，还是添加到热饮中以增加甜味或是治疗感冒。它总是令人感到慰藉和舒缓，这是属于自己的时间。

有何作用

蜂蜜的气味是一种关怀，是呵护灵魂的膏脂，象征着温暖和保护。它那芳香的气味富有甜美的动物性，强调了其中的感性基调，使我们变得更柔软、更善感，更能感知我们的身体。在某种意义上，它把我们变成了某种美味的、需要仔细品尝的食物。

巧克力的气味

\\\ 可可脂 \ 香甜 \ 温暖包容

巧克力在我们的生活中无处不在，我们很难想象它在历史上曾一度极难寻得，价格也居高不下。直到大约16世纪，巧克力才来到大西洋的这一边。

然而，在前哥伦布时期的美洲，早在公元前1400年，可可就为人们所熟知，广受欢迎，甚至受到崇敬：它被认为是羽蛇神赐予的礼物，因此，它被认为具有壮阳、再生和治愈的效用，以及被认为是神圣的。总之，它是神奇的。可可在当时极为珍贵，它的种子可被当作货币使用。

有一个小细节：由于添加了胡椒粉，热可可喝起来是苦涩辛辣的，然后人们在其中添加了香草来达成一种柔和的味道。蒙特祖玛（Montezuma），一位著名的阿兹特克人，每天至少喝50杯可可饮料，以维持自己与后宫妻妾的房事。可可在美洲大陆被发现后，传至欧洲，它于16世纪首先在西班牙传播开来。然后在17世纪到达意大利，最后由于西班牙公主——奥地利的安妮嫁给了法国国王路易十三，可可被传至法国。从那时起，人们对这种饮料的喜爱度日益增长，可可也就快速传播开来。

那时，严格意义上的巧克力还并未出现：长期以来，它只是以一种液体饮料的形式存在，直到人们找到一种方法，能够提取可可脂，从而生产固体巧克力。然而，与阿兹特克祖先不同的是，在欧洲，巧克力饮料非常甜，富有香草味。另外，它也非常昂贵，因此只有宫廷和贵族才能享用，这种情况至少一直持续到17世纪中叶，那时巧克力店开始普及，人们才得以喝上这种广受欢迎的饮料。

在很长一段时间内，巧克力作为具有一定壮阳功效的产品，仍维持相对昂贵的价格。作为一种珍贵的商品，巧克力衍生出了很多种仿冒品。大仲马在《美食大辞典》（*Grand dictionnaire de cuisine*，1873）中，除了巧克力食谱之外，还广泛讨论了仿制的巧克力食品。布里亚特-萨瓦林（Brillat-Savarin）也讨论了掺杂龙涎香而调制出的"受难者的巧克力"食谱。佩莱格里诺·阿图西（Pellegrino Artusi）也是如此，有读者对其作品《厨房科学与餐饮艺术》（*Scienza in cucina e l'arte di mangiar bene*，1911）中并未提到

1　Emory Dean Keoke e Kay Marie Porterfield, *Encyclopedia of American Indian Contributions to the World: 15.000 Years of Inventions and Innovations*, Checkmark Books, New York 2009.

巧克力而感到惊讶，他在该书的第14版，也就是最后一版中对此解释说："因为，如果我不得不讲述这个故事的来龙去脉，以及制造商的掺假行为，这本书的篇幅就远远不够了。"[1] 欺诈和假冒只针对那些从未吃过真正的巧克力的人，他们只知道这是一种色黑味甜的点心。朱莉亚·拉扎里·图尔科（Giulia Lazzari Turco）在食谱《小壁炉》（Il piccolo focolare，1912）中建议用香草糖代替巧克力，由此可见她肯定不太了解巧克力。

另一方面，随着一系列巧克力加工机器的发明，固体巧克力在19世纪下半叶问世。直到20世纪末，它仍是一款广受欢迎的价格不菲的食品。

欧洲人对巧克力的热爱在几个世纪以来从未衰退，这与它的气味有很大关系：巧克力的味道几乎完全取决于它的香味，在我看来，还与它在口腔内黏稠的触感有关。

这种令人难以抗拒的气味主要源于三个分子。第一个最容易辨认的是香草醛，它并非天然存在于可可豆中的，而是人为添加的，我们在脑海中会自动将它与巧克力联系在一起；紧接着是3-甲基丁醛，它赋予巧克力麦芽香；而第三种吡嗪则在其中增加了坚果和泥土的味道。

虽然现在巧克力很容易买到，但这丝毫没有减少它诱人的魅力和令人垂涎的魔力。巧克力总是挑逗着人们的神经，令人无法抗拒。

在乔安妮·哈里斯（Joanne Harris）的著名小说《巧克力》（Chocolat）中，神秘的薇安（Vianne）在法国的一个小村庄开了一家巧克力店。这里的牧师明面上提倡忏悔赎罪，反对享乐，暗中却痴迷于它。他自己细细描绘它的颜色、品种，尤其是那令人无法抗拒的香味，只要一想到它，就垂涎不止。这是他最大的挫折，他将由此产生的愤怒和沮丧一股脑地倾泻在薇安身上，这种罪恶的食物

1　参见 Pellegrino Artusi, *La scienza in cucina e l'arte di mangiar bene* (1911)。

居然没有难闻的硫黄味，反而具有一种颇具亲和力和力和说服力的、简直称得上美妙的气味。他注定会成为自己心魔的牺牲品。

巧克力的香味也进入了香水界，同美食家族一起（参见"点心的气味"一节）。皮埃尔·格拉姆调制的"04号毛利麝香（*04 Musc Maori*）"将可可原脂的深色香调与白麝香的明亮气息融合在一起，散发出一种看似玩世不恭的香味，然后不假思索地落在琥珀、香草和零陵香豆的浓郁香脂气上。这款香水与童年记忆一同嬉戏，用俏皮的性感逗弄它们，将其变为一种成年人的愉快游戏。

含有这种气味的其他香水

品牌	香水名称	品牌	香水名称
蓝色和平	可可之爱（*Amour de Cacao*）	妮姗（Nishane）	百香果巧克力（*Pasión Choco*）
阿克罗（Akro）	黑暗（*Dark*）	奥图·巴里斯（Orto Parisi）	无餍（*Boccanera*）
弗伽亚1833	苦水（*Xocoatl*）	布鲁诺·阿坎波拉（Bruno Acampora）	红宝石（*Ruby*）
芦丹氏	婆罗洲（*Borneo 1834*）	罗马之香	微笑（*Sorriso*）
阿奎斯（Arquiste）	阿尼玛枣（*Anima Dulcis*）	纳斯马图（Nasomatto）	宽恕（*Pardon*）
佩里斯·蒙特·卡洛（Perris Monte Carlo）	阿兹特克可可（*Cacao Azteque*）	零分子（Zeromolecole）	黑可可（*Nerocacao*）
汤姆·福特	午夜兰花（*Black Orchid*）	佛朗西亚·戴尔（Francesca Dell'Oro）	又一（*Onemore*）

为何受人喜爱

巧克力的气味令人愉悦，使人产生感官上的满足，享受这一全然属于自己的私人时刻，这是一种享乐主义的、令人陶醉的体验，但带有一种愉悦的宁静，天真且不计后果。

有何作用

巧克力的气味温暖，有一种包容性，令人舒适。它能触动多种感官享受，从而传递出令人愉悦的满足感。虽然巧克力以其高热量闻名，最好不要过度食用，但沉溺在巧克力的美味中，是对自己的一种奖励，是一次盛宴。对坚持完美饮食的人来说，闻到或食用则会带来小小的愧疚。

夜　　　　　　　　晚

的

气　　　　　　　　味

口红的气味

\\\ 艳丽 \ 温情 \ 红颜祸水

口红是一种出色的化妆品。统计数据显示，全球每年卖出9亿支口红，这意味着每秒钟在世界各地就卖出28支口红。[1]经济学家将这种现象上升到理论高度，称之为口红效应，意为在发生危机的时候，我们并不是放弃奢侈品，而是选择更小的奢侈品——口红就是一个很好的例子。

在我们的父母看来，不管是什么样的口红，都过于艳丽，而我们总是过于年少，没有长到能够涂抹口红的年纪，但他们忽略了正是口红那种成年性十足的表象在吸引着我们。就像所有经过反抗而达成的小成就一样（尤其是第一次成功达到目的时），得到一支口红对我们来说似乎更加特殊，它具有革命性的意义，即使我们没有做任何创造性的事情。

在遥远的古代便有给嘴唇着色来打扮自己的习俗，美索不达米亚文明中，人们会将宝石碾成粉末，然后与蜂蜡混合并涂抹在嘴唇上。埃及人从瓢虫中提取颜色，为了将嘴唇涂成红色，印度人使用赭红色；在古希腊，女性用各种物质给嘴唇上色，包括绛红色和黑莓果。

棒状的口红是娇兰在1870年才发明的，正确的名字是"不要忘

1　Jean-Yves Bourgeois and Vincent Gallon, "Lipsticks: a safe bet", *Premium Beauty News*, 24 febbraio 2009,请参见网址：https://www.premiumbeautynews.com/lipsticks-a-safe-bet, 675 24.

记我（Ne m'oubliez pas）"，但它在1927年由保罗·鲍德克鲁（Paul Baudecroux）进行了改进，他还出品了一款防吻口红——"红色之吻（*Rouge Baiser*）"。

长久以来，口红一直是女性美妆的核心。在20世纪20年代，主流审美宣扬瓷一般的肌肤和火红的嘴唇；四五十岁的人都打扮成淑女样貌——细嫩的双手，圆润的美甲以及红色的口红；在60年代，妆容重点转移到了眼睛上，但口红仍未被忽略。在70年代，妆容主要集中在眼睛上，而嘴唇则保持自然色。在80年代，荧光色大行其道，甚至口红也用上了荧光色，但似乎是因果循环，在接下来的10年中，传奇的香奈儿"复古酒红色（*Rouge Noir*）"——也就是乌玛·瑟曼（Uma Thurman）在《低俗小说》中涂抹的口红成为时尚。从那以后，妆容变得越来越流畅，不再拘泥于僵硬的模式，而相得益彰的一抹口红变得永不过时。

对涂抹口红的人来说，口红提供了一系列的感觉：在物理感觉上，有一种奶油般的涂抹感；嗅觉上，口红有着独特的气味；视觉上，这抹唇部的鲜色让自己瞬间变得更加明媚。红色温暖而充满活力，玫瑰色和裸色感觉更加温婉干练；而紫红色和李子色，颜色更深，也更富战斗性。

我认为口红的气味有一些特别的、独特的东西。鲍德克鲁在1927年为口红赋予一种气味，他选择了两种当时非常流行并永远能激发灵感的基本香——玫瑰和紫罗兰：在我们的脑海中，那种香气仍然能使我们想起过去的化妆品。

至于现今，在欧洲最普遍的口红香味是玫瑰香，有些略带细微的水果味，或者带有香草调和糖精（即香草醛和乙基麦芽酚）的香味。而在中东，玫瑰常常参与神修活动，口红则带有美食香味，常有香草香、果香或更中性的花香，如含羞草的香气。

不同品牌的口红配方各不相同，但它们通常都由蜡基组成，具有标志性的气味，从温暖的蜂蜜味到细腻的小烛树蜡、无味的羊毛脂，以及各种植物油和矿物油等，这其中添加了一些润肤物质、有色颜料，最后所有这些材料一起构成一种香味。因此，口红的气味是由蜡和颜料的气味混合而成的，这是一种含有各种物质的化学混合物，但物质种类不会太多。

关于口红的气味，涂抹口红的人和观赏口红的人视角不同，对这种气味的感觉也不同。根据《暗箱》（*Camera Obscura*, 2010）中的凯瑟琳·洛默（Kathryn Lomer）的说法，对涂口红的女性来说，口红的气味是"特殊的"，因为它直接进入杏仁核并唤醒了其中遥远的记忆，比如小时候，你看着你的妈妈在镜子面前涂口红的时刻。和所有化妆的女人一样，她的嘴巴先张成"O"形，然后是心形，在你眼中，此时的她似乎变成了一个从诗中走出来的人，更戏剧化，也更迷人，成为一个美丽的陌生人。对观赏口红的男性来说，根据安吉尔·帕拉（Ángel Parra）在《红房子下的小酒吧》（*Clandestino de la casa roja*）中的看法，它是一种诱人而颇具挑逗的气味，预示着另一个快乐的夜晚。

这种化妆品也激发了许多调香师的灵感。馥马尔香氛出版社（Editions de Parfums Frédéric Malle）出品的"玫瑰唇印（*Lipstick Rose*）"就出自调香师拉尔夫·施维格（Ralf Schwieger）的记忆：他的母亲每天出门前都要涂深粉色的口红。那支口红带着独特的芬芳与那些记忆融为一体，成为她身体的一部分和她在世间的回响。这款香水是以口红香为香基调制而成，复古的紫罗兰和玫瑰，与甜美的龙涎香、柔和的白麝香水乳交融，外加几缕香根草作为点睛之笔。

特立独行的"红颜祸水（*Putain des Palaces*）"由解放橘郡出品，由调香师娜塔莉·费斯托尔（Nathalie Feisthauer）设计调制，从名字到香味都完美体现了品牌的叛逆精神。这款香水为诱惑而生，被献给那些知道自己拥有魅力的人。香水中口红、皮革、漆、粉末、龙涎和麝香的味道，无不诉说着一个"红颜祸水"的魅惑力量，她对自己的力量过于自信，特立独行，因此也更加危险，这是一个知道如何以美丽作为武器的人，口红也是她的撒手锏。

含有这种气味的其他香水

品牌	香水名称	品牌	香水名称
香水故事 (Histoire de Parfums)	红磨坊 (1889 Moulin Rouge)	安霓可·古特尔 (Annick Goutal)	星之夜 (Étoile d'une nuit)
阿蒂仙之香	玫瑰圆舞曲 (Drôle de rose)	安娜托·莱布顿	红晕 (Incarnata)
伊萨贝 (Isabey)	拥抱我 (Prends-Moi)	娇兰 (Guerlain)	浓情香吻 (French kiss)
梅森·马吉拉	画唇 (Lipstick On)		

为何受人喜爱

　　口红的气味，是一种淡淡的细腻，只有与涂口红的人亲密接触才能闻到：然而，无论是母亲还是情人，都是亲爱的人。因此，它注定要与感情联系在一起。对于母亲，它带有一种温情，有时还带有怀旧色彩；而对于情人，这种气味则代表着激情和性感。

有何作用

　　口红的香气能够唤起人们心中的忧愁或诱惑，又或是两者皆有。它能让儿童回忆再次浮现，比如妈妈的亲吻，充满爱意的初吻，或是其他热情的亲吻。

　　因此，它能给人一种甜美的惆怅感，或是让人感到更加性感和自信，诱惑十足，美丽动人，让人不由自主地产生涂口红的冲动。

香槟的气味
\\\ 葡萄发酵 \ 气泡 \ 品尝星星

　　葡萄酒是个传奇，但最受欢迎的还是香槟。它会用魔法把葡萄的汁液变成一种似乎会说话的活泼饮料，无数气泡在其中荡漾，令人陶醉，让你从内心深处感受到美丽轻盈。著名的法国国王路易十五的情人兼顾问——蓬巴杜夫人（Madame de Pompadour）说得好：“香槟是唯一能让女人在饮用之后更加风姿绰约的酒。”

　　香槟的味道令人印象深刻，它是如此特殊，以至于有许多离奇的猜想。阿道司·赫胥黎（Aldous Huxley）在《时间须静止》中（Il tempo si deve fermare）提到，香槟的气味就像用钢制的小刀剥皮后的苹果。在音乐剧《丑闻女孩》（Le ragazze dello scandalo，1945）中，主角琼恩说她非常喜爱香槟的味道，有一种直至脚底的战栗。但17世纪末，唐培里侬神父（Dom Pérignon）提出了一种听上去最令人垂涎的定义，在他喝下第一口香槟的刹那，他似乎喊道：“快来！我在品尝星星！"[1]

我们往回看。17世纪在香槟的产区，人们生产着一种甜美可口的葡萄酒。在冬天最寒冷的日子里，有时发酵会停止，然后在温度回升时重新开始，在这个过程中产生的二氧化碳，偶尔会使几瓶酒发生爆炸。唐培里侬是一位爱好科学的神父，他意识到正是第二次发酵使葡萄酒流动起来。为了解决这个问题，他进行了很长时间的研究，开发了更厚实、更耐用的瓶子，让第二次发酵产生的二氧化碳溶解在葡萄酒中，由此香槟就诞生了，它很快就因起泡而欢快的特性在法国宫廷广受欢迎，取代了当时备受追捧的Ay葡萄酒（vino d'Ay）。[2]

香槟的酒液中有无数气泡，在爆破后发出嗡嗡的声音，这款奢华迷人的饮品专为特殊场合使用，人们看到它就会联想到欢欣的派对，不由得感到愉悦，似乎有一种非凡的体验。同时它也具有一定的诱惑性。事实上，总体而言，如果说酒精会让你更善于交际并释放自我，根据布里亚特-萨瓦林的一句名言，香槟更能助你一臂之力："勃艮第红酒使你想入非非，波尔多红酒让你胡言乱语，而香槟则能使你胡作非为。"

无独有偶，布尔加科夫（Bulgakov）的小说《大师与玛格丽特》（*Maestro e Margherita*）中有一段场景，主人公在撒旦组织的大舞会上看到的所有不可思议的事物中，有一个华丽的大泳池，泳池中央有一座巨大的海神波塞冬的雕像，从雕像中淙淙流出的香槟填满了整个泳池。这是多么令人迷醉！能在魔鬼的宴会上四处流溢的，如果不是这种放荡不羁的酒，还能是其他什么酒呢？

抛开名声不谈，香槟无疑给人提供了全方位的感官体验：和其

1　来自1890年酩悦酒庄（Moët & Chandon）的广告活动。

2　Scott C. Martin (a cura di), *The SAGE Encyclopedia of Alcohol: Social, Cultural, and Historical Perspectives, SAGE Publication*, Thousand Oaks 2015.

他所有的葡萄酒一样有视觉、嗅觉、味觉，但也有明显的触觉体验，这源于气泡在舌头上爆破的刺痛感，还有声音——想想当你打开酒瓶时"砰"的一声，以及酒液倒入酒杯时产生的"嗞嗞"声。香槟带起一阵欢乐的旋风，让空气中都弥漫着愉悦。没有人能对此无动于衷。

其中的关键就在于它的气泡，那些极其细腻的气泡产自特殊的香槟制法，通过不同阶段的再发酵过程后，液体可以产生大量二氧化碳：在一瓶香槟中，可以产生多至 2000 万个气泡！

气泡使得香槟区别于其他葡萄酒，同时也赋予其别样的气味和味道。事实上，当这些气泡浮出液面并爆裂时，它们会释放出数百种芳香化合物质，其中有面包皮、柑橘类水果、黄白相间的花朵、蜂蜜等人们熟悉的香味。其中，γ-癸内酯释放出桃子甜美的果香；而月桂酸则负责产生干燥和金属的气息；酸涩与烘焙源于癸酸；肉豆蔻酸乙酯增添了细微的甜味和蜡质；棕榈酸则具有明显的奶油的脂类香气。

在香水界，许多调香师都不由自主地挑战重建香槟的气味。

液态创想（Liquides Imaginaires）出品的淡香水"醉玫瑰（*Dom Rosa*）"是"殷红系列（*Eaux Sanguines*）"三部曲中的一款，被用来致敬葡萄酒以及凯旋的英雄，这是一种用玫瑰做的桃红色香槟。在这精妙绝伦的演绎中，玫瑰变得闪闪发亮，但内里仍保持着花朵的柔软与热情。"醉玫瑰"以闪亮的香槟味基香作前调，随后沉浸于大马士革玫瑰的迷人魅力，其中略带熏香和丁香味作为点缀，然后落在香根草暗沉的木质调中，与玫瑰的柔和形成强烈对比。

含有这种气味的其他香水

品牌	香水名称	品牌	香水名称
解放橘郡	金发尤物 (*Vraie Blonde*)	米兰面具	等待 (*L'attesa*)
解放橘郡	强人 (*Remarkable People*)	威伊尔香氛 (Vilhelm Parfumerie)	嗨放芝加哥 (*Chicago High*)
古代药剂师 (Antica Farmacista)	普洛塞克 (*Prosecco*)	零分子	气泡 (*Bollicine*)
贾克斯·佐蒂	我是个势利小人 (*J'Suis Snob*)	奈拉梵米尔 (Neela Vermeire)	尼拉尔 (*Niral*)

为何受人喜爱

　　香槟是一种闪亮的象征，象征着欢乐、重要的场合与特别的夜晚，或许充满诱惑，或许只是一场简单的排队。一想到香槟，我们似乎就会感到快乐，这是一种生活愉快、富足的快乐，是善待自己的快乐。

有何作用

　　香槟的香气是一种令人迷醉的性感气味。那些独特的气泡释放出满满的活力，略带一点疯狂，使人感觉浑身轻快，心情愉悦。这一刻是独一无二的，就像是瞬间来到了一个琳琅奢华的幻想空间。

威士忌的气味

\\\ 麦芽 \ 粗犷 \ 魔鬼的选择

对我来说，威士忌让我眼前浮现出熙熙攘攘的美国西部的牛仔硬汉，就像我在西部电影中看到的那样。在美国酒馆中，威士忌常常被用来当作一种消遣方式以及消毒液体，决斗前喝上两口壮胆，取出身体里的子弹时可用来麻醉，还具有抗抑郁的功能；在峡谷、沙漠和高原，都适合威士忌。这是一种粗野的人在粗野的地方所喝的粗野的酒。

实际上，威士忌早已成为鉴赏家的饮品，虽然在人们眼里，威士忌总是有点难喝，至少对比较讲究的饮酒者来说是这样。市场调查研究还发现，威士忌对年轻人几乎没有吸引力，他们认为它早已过时。

然而，我将威士忌和美国捆绑在一起的做法是片面而狭隘的：事实上威士忌是国际化的。它的拼写也证明了这一点：在苏格兰或加拿大蒸馏生产的威士忌写作 "whisky"，在爱尔兰和美国蒸馏生产的威士忌写作 "whiskey"（这两个国家也生产波旁威士忌和黑麦威士忌）；另一方面，苏格兰威士忌仅在苏格兰生产，它可以由单一麦芽、单一谷物、混合麦芽制成或者是调和威士忌。

苏格兰虽然多雨，但在人们的想象中仍是一片蛮荒之地，那里的山丘和高原上遍布着石楠花、风笛和古老的城堡，很难说哪一个是苏格兰的真传。此外，苏格兰威士忌最早在 15 世纪末开始生产，也就是在美洲大发现、殖民运动和圈地运动开始之前。

　　然而，传统的古老从来就无法保证品质，在大西洋的任何地方都是如此。

　　直到18世纪中叶，威士忌在苏格兰仍然是非法的，但很长一段时间人们都秘密酿造威士忌，因此没有质量保证。而在美国，威士忌虽然是合法的（至少在禁酒令之前是合法的），但由于法律监管的缺失，给假冒伪劣产品留下了大量空间。假威士忌是一种普通的酒精烈酒，分销商利用手头的东西来进行着色和调味，比如废糖蜜、焦糖、甘油、李子汁，甚至是硫酸。它们的绰号——像"山地榴弹炮""棺材漆""士的宁""绞缠腿"这样的可爱绰号，充分体现了它们的质量，就连粗野的牛仔也能察觉到。

　　然而，威士忌一直使人想到这样一种人——活泼、粗鲁，但是真诚。演员詹姆斯·斯图尔特（James Stewart）在电影《费城故事》（*Scandalo a Filadelfia*，1940）中的一个笑话很好地解释了这一点：对他来说，香槟是陌生的，因为他习惯了威士忌，就像朋友的拍肩一样熟稔心安。而香槟并非如此：它是眼前的迷雾，令人不安。

　　因此，现在市面上所贩卖的"真酒"的概念，连同酒瓶一起，实际上是一个浪漫的梦，它基于一种从未存在过的东西。现在的威士忌，谦虚地来说，要比那些你不得不喝的酒更加高级。

　　与此同时，威士忌已成为一种优雅的饮品，就像葡萄酒一样，威士忌也有品酒标准：如何评估它的颜色，如何闻气味、尝味道，品尝威士忌的杯子必须要用格伦凯恩玻璃杯，不能太宽，以便充分感受酒液的香气。事实证明，在威士忌中加冰块是一种不尊重蒸馏物的做法：与我们多年来的习惯相反，人们应该在18℃～20℃的温度下饮用，无须加冰，冰块除了冷却，还会稀释酒液。

　　在《爱上狂野之物》（*For Love of a Wild Thing*，1974）中，对欧内斯特·达德利（Ernest Dudley）来说，威士忌的气味是浓稠而香甜的，它融入黑夜中，与音乐和星空一起，让一切都变得令人愉悦。这显然讲的是美国威士忌。

　　事实上，威士忌有两种最主要的气味——美国威士忌的甜味和苏格兰威士忌的泥炭味或矿物味。然而，在我的调查中，唯一排在前面一点的威士忌气味是泥炭味（见第217页的调查），这是一种特殊但受人欢迎的气味。

　　威士忌香气的层次在所有烈酒中是最丰富的，这种香气经由至少持续三年的陈酿产生——在橡木桶内，蒸馏产物的分子与木桶成分发生反应。在此阶段中，超过四分之一的酒从桶中蒸发，这部分被称为"天使的份额"，而剩下的部分则被称为"魔鬼的选择"。

　　威士忌的风味和香气源于许多珍贵的化合物：首先是醛类，它们会产生草本香（己醛）、麦芽香（2-3甲基丁醛）、辛辣和木质香（丁香醛），以及杏仁气味（糠醛）；香草醛是最著名的醛类之一，具有甜美而独特的香草气味；内酯增添了椰子味，酚类则散发出轻微的烘烤和烟熏气息。最后，威士忌在发酵过程产生了b-大马士革和苯乙醇，这两种化合物也是大马士革玫瑰精油气味的关键所在，因此威士忌酒中还带有珍贵的花香。

　　并非所有的威士忌都含有这些香气，不同的威士忌之间可能存在很大差异。

　　但是，如此丰富而迷人的香气获得了小众香水界的青睐。

　　安东尼奥·亚历山德里亚（Antonio Alessandria）的"豹（Gattopardo）"就是这样一款香水，其灵感来自一位粗鲁又温和的西西里绅士——托马西·迪·兰佩杜萨（Tomasi di Lampedusa）同名杰作的主角，这款香水以一种优雅而感性的方式向其灵感之源示以敬意。广藿香和雪松木的基香一同凸显出主人公强烈的性格，再加上威士忌和蜂蜡的香气，勾勒出西西里住宅的豪华房间，其中满是半旧的家具，历史和文化浸润其中。为了招待客人，这里有浓烈的利口酒，也有西西里特色糕点，它们的味道在大房间里蔓延开来。龙涎和麝香作为基础香调贯穿首尾，以神秘和性感为外衣包裹住香水的躯干。

含有这种气味的其他香水

品牌	香水名称	品牌	香水名称
鲁宾 (Lubin)	凯里根 (Korrigan)	希爵夫	唐 (Don)
DS杜加尔 (D.S.&Durga)	幽谷之魂 (Spirit of Glen)	阿蒂仙之香	肌肤之亲 (Skin on Skin)
博福特 (Beau Fort)	用武力和武器 (Vi et Armis)	潘海利根 (Penhaligon's)	奇幻世界 (Tralala)
圣安纽莉塔 (Farmacia Ss. Annunziata)	威士忌沉香 (Whisky Oud)	侯莫艾利格斯 (Homoelegans)	旭日之歌 (Song for a Rising Sun)
阿克罗 (Akro)	麦芽 (Malt)	妮姗 (Nishane)	内夫斯 (Nefs)
纳斯马图	喧嚣 (Baraonda)	普佛德尔复	托斯卡纳雪茄 (Toscanello)
罗马之香	福米达斯 (Fvmidvs)	内奥米·古德瑟	苦行之木 (Bois d'ascèse)

为何受人喜爱

　　威士忌具有多变、微妙和狡猾的香气。对于那些喜欢它的人来说，这是一个尽情享受品味美酒的愉悦时刻，也是属于自己和个人爱好的时刻，需要慢慢享受。

有何作用

威士忌的香味给人一种刚毅的感觉：在一脸严肃的同时也活力充沛，让人感觉更强大，有一种平静和理智的力量。这是来自长者的自信，他们早已摆脱诸多束缚，在阅尽千帆后变得睿智而清醒。

杜松子酒的气味
\\\ 植物 \ 草药 \ 优雅清新

杜松子酒见证了一切。杜松子酒复兴（Ginaissance）[1]自21世纪初开始，但早在这之前，杜松子酒就已经在鉴赏家之间开始时兴，几个世纪以来，它先是享有惊人的盛誉，随后曾一度被禁止，最后成为老年人喝的酒。

让我们来看看它极高的声誉。杜松子酒是典型的英国酒。王后的母亲毫不掩饰自己对它的喜爱，[2]温斯顿·丘吉尔曾经宣称滋补的杜松子酒拯救了许多人的生命和头脑，比帝国所有医生拯救的还要多。然而，在18世纪的英格兰，杜松子酒引发了一个真正的社会危害——酗酒。杜松子酒热潮持续了30年左右（大约从1720年到1751

---

1 杜松子和文艺复兴酒的混合，这也是杜松子酒的新形式，最好与汤力水一起饮用，这使它成为一种非常流行和时尚的饮料。

2 他的管家威廉·塔隆（William Tallon）报告说，在一次重要会议之前，女王在给他的便条上写道："我认为今天早上我会带上两小瓶杜邦尼和杜松子酒，以备不时之需。"参见 William Quinn, *Backstairs Billy: The Life of William Tallon, the Queen Mother's Most Devoted Servant*, The Robson Press, London 2015。

年），其间由于适中的成本和自由化生产，1690 年奥兰治的威廉三世利用它与法国的干邑进行竞争，杜松子酒的人均消费量增加了 10 倍。据估计，在当时伦敦一天中的任何时刻，每四个市民中就有一个喝得烂醉如泥，这些酒鬼基本就是城市里的穷人。这个酗酒盛行的社会花了 60 多年才重新步入正轨。[1]威廉·霍加斯（William Hogarth）是一个画家和版画家，同时也是那个时代敏锐的评论员，在他 1751 年的版画作品《杜松子酒巷》（Gin Lane）中，描绘出一种堕落不堪的人性，与之形成鲜明对比的是他同年的版画《啤酒街道》（Beer Street），其中充满了劳动人民和开朗的人群。1849 年，伦敦奢侈品百货公司福特纳姆和玛森（Fortnum & Mason）在其生产的产品中加入了杜松子酒，正式标志了它的复兴。

杜松子酒违禁的名声主要来自马提尼鸡尾酒，这是 20 世纪 20 年代在刚成年的轻佻女子（flappers）[2]间盛行的饮品，但并没有持续多久。在第二次世界大战之后，杜松子酒已经被公认为是爷爷辈以及王后母亲的专属饮品。这是一个更加难以洗刷的坏名声。事实上，几十年来，让杜松子酒显得高贵点的唯一方法就是点一杯马提尼鸡尾酒，即使小伙子们不再青睐，这种饮料仍然很流行。经典配方是六份杜松子酒加一份干苦艾酒，但文学界对此多有争论，通常人们会支持第一种：海明威加双倍的杜松子酒，苦艾酒仅仅用来使玻璃酒杯富有香气，随即就被倒掉。丘吉尔希望将他的那瓶苦艾酒放在房间的另一边，而剧作家诺埃尔·考沃德（Noël Coward）则认为应当去除苦艾酒，并向意大利方向进行致意。

英国杜松子酒是荷兰杜松子酒的廉价仿制品，这是一种具有杜

1　参见 Olivia Williams, Gin Glorious Gin: How Mother's Ruin Became the Spirit of London, Haedline, London 2014.
2　咆哮的 20 年代的典型形象，是爵士时代的女孩，她们留着短发，穿着当时流行的短裙，在公共场合喝酒和抽烟，对性爱表现从容，蔑视公共道德规则。

松香味的白兰地，走过了戏剧性的历史，一直隐藏在英国人的无意识中，这从它的绰号"母亲的废墟（Mother's Ruin）"中也可见一斑。尽管如此，今天的杜松子酒是一款流行于鉴赏家之间的饮品，一段时间以来，市场源源不断地推出精致有趣的产品来回应人们对它的喜爱。

撇开口味不谈，提及它的香味，我会立即承认它很棒、很香。这是由于其中的植物、草药和芳香香料混合，经过蒸馏，释放出植物精油，从而散发出浓郁的香气。

很显然，杜松子酒没有统一的配方，每个作坊都有自己独特的配方，通常是保密不外泄的，但首要的成分都是杜松子；其中可能有香菜、柠檬或苦橙的皮、茴香、当归、肉桂、决明子、肉豆蔻和杏仁。

杜松子中含有种类繁多的萜烯（超过100种），因此赋予杜松子酒以独特的浓郁木质和草本气息。这些萜烯中添加了其他物质，它们源自不同配方中的各类配料，例如从柠檬皮中提取的柠檬烯，构成香菜精油的主要化合物 b-芳樟醇，前者具有甜美的香味，后者具有辛辣气味和木质的醇香。

杜松子酒通常用于制作滋补酒，也就是和汤力水混合，根据IBA配方，为四份杜松子酒兑十份汤力水。这种混合起源于英国殖民者在印度的发明，主要为了掩盖奎宁的苦味，一开始它作为抗疟药被摄入，但随后在整个帝国流行起来。直至今日，在英语中，汤力水仍被称为印度汤力水（Indian Tonic Water）。

如果说乔治·奥威尔在小说《1984》中提到的"胜利牌杜松子酒（Victory Gin）"是一种低质量杜松子酒，只是为了取悦大众，其特点是"平淡无味"，另外还妄图"与你日夜不离"，那么高品质的杜松子酒则具有非凡的香味，它启发了一些不凡的创造。

就像潘梅利根的"琴酒（Juniper Sling）"，这是一款向热烈的

20世纪20年代致敬的香水。它以清新刺鼻的杜松和当归香作为前调，中调是充满活力的黑胡椒和辛辣香料，让人想起杜松子酒中的那些植物，散发着肉豆蔻、香菜、肉桂和柠檬的香气，在这些香气外包裹着皮革、鸢尾花和香根草的高雅幽香。这是一款清新的杜松子酒，令人无法抗拒。

含有这种气味的其他香水

品牌	香水名称	品牌	香水名称
鲁宾	杜松子酒（Gin Fizz）	博福特	浪子末路（Rake & Ruin）
巴黎乔伊（Jovoy Paris）	买定离手（Les jeux sont fait）	普佛德尔复	苍兰幽梦（Frescoamaro）
梵诗柯香（Maison Francis Kurkdjian）	自由之我银色版（Gentle Fluidity Silver）	摩顿布朗	杜松爵士乐（Juniper Jazz）
米勒博涛斯（Miller et Bertaux）	Oh，一首民谣（Oh, ooOoh ...oh）	DSH之香	在岸边：在岩石上（At the Shore:On the Rocks）

为何受人喜爱

　　杜松子酒是一款将优雅与清新、香气与味道完美融合的烈酒。只要与汤力水相遇，它就摇身一变，成为欢乐夜晚和愉悦时刻的主角，伴随着玻璃杯中冰块碰撞的叮当声以及朋友之间的欢声笑语。

有何作用

　　它的芳香使人振奋，它的草本香令人神清气爽。再加上汤力水恰到好处的苦涩和刺激，令人心神激荡，给人带来好心情和一丝活力。

葡萄酒的气味

\\\ 酿造 \ 酒神的馈赠 \ 聚会和畅想

　　根据美国开国元勋之一本杰明·富兰克林的说法，葡萄酒是"上帝爱我们并乐于看见我们快乐的永久性证据"，他认为，从雨水到葡萄再到葡萄酒的自然奇迹，要比迦拿婚礼上的宗教奇迹更高级。[1]

　　事实上，很少有人会说葡萄酒的不是，在文学中，对葡萄酒的赞美随处可见。苏格拉底说葡萄酒"抚慰我们的灵魂，疗愈我们的痛苦"[2]。阿里斯托芬认为"当男人们喝酒时，就能谈好生意，获得成功，快乐互助"，并且葡萄酒还会让他们"妙语连珠"[3]。对于贺拉斯来说，葡萄酒驱赶了焦虑[4]。《圣经》认为葡萄酒"能取悦人类的心灵"[5]。对于波斯神秘主义者和诗人哈菲兹来说，它是"快乐的使者"！[6]对莎士比亚来说，"如果使用得当，它是一个善良熟悉的生

1　出自本杰明·富兰克林1779年7月致莫尔莱教士（Morellet）的信。

2　色诺芬，《会饮》。

3　阿里斯托芬，《骑士》。

4　荷马，《奥德赛》，第一卷，第7页，第31行。

5　《圣经》，《诗篇》104：15。

6　哈菲兹，《颂诗集》第7卷。

灵"[1]。歌德认为"酒使人心悦，喜乐为美德之母"[2]。拜伦认为葡萄酒"让悲伤的人快乐，让衰老的人年轻，让年轻的人奋进，它使人忘却致疲的负担和令人惧怕的危险，当现实变得无聊，它就会打开一扇新世界的大门"[3]。波德莱尔说葡萄酒"知道如何为最鄙陋的屋舍/以奇迹般的奢华重新装扮/建起梦幻的拱廊/在那红色蒸汽的金色幻象中"[4]。众所周知，海明威是一位健壮且坚定的酒之信徒，他在《午后之死》中认为，葡萄酒是文明和自然的顶点，已经不能再完美了。如此种种，我还可以列举很多。

　　人类学会发酵葡萄果实至少有7000年了，这甚至可以追溯至旧石器时代。[5]苏美尔人（葡萄酒对他们来说也是神圣的）、古埃及人、亚述人和赫梯人都生产和饮用葡萄酒；后来由腓尼基人将其传至整个地中海地区，最后经由希腊人和罗马人的传播，在罗马帝国时期最终传入意大利。从这里开始，葡萄藤的种植和葡萄酒的消费逐渐扩展至法国、西班牙和欧洲其他地区。在法国，宫廷的需求刺激了优质葡萄酒的生产，而在意大利，这种额外的需求很少，酿酒业的生产质量一直保持适中，主要用于自饮，这种状况基本持续到今天。直到18世纪，首个酿造规章才在托斯卡纳大公莱奥波尔多二世（Leopoldo II）的授意下诞生。而短短一个多世纪后，在阿尔卑斯山的另一侧，著名的波尔多葡萄酒官方分类已编制完成，对梅多克产区生产的葡萄酒按重要性、品质和价格进行了清查和排序。1964年是一个传奇年份，这一年产出的酒品质优越，在此之后，人们学会更加有意识地甄别葡萄酒的品质。在经济全面快速发展的时期，随

1　威廉·莎士比亚，《奥赛罗》。
2　约翰·沃尔夫冈·冯·歌德，《葛兹·冯·伯利欣根》。
3　乔治·戈登·拜伦，《萨达纳帕拉》。
4　夏尔·波德莱尔，《恶之花》中的《毒药》。
5　Aa Vv., *Il libro del vino. Manuale teorico & pratico*, Gambero Rosso Editore, Roma 2004.

着储备资本的增加，意大利市场已做好准备，开始销售优质葡萄酒，这是一种现在也可以实现的奢侈和享受。而维罗内利葡萄酒黄金指南（La guida di Veronelli）是近十年才出来的。

今天，对于鉴赏家来说，葡萄酒是一种优雅的饮品。在酿造世界里，一个个小型或大型酿酒厂蓬勃发展，涌现出许多富有职业热情的酿酒师、品酒师，大众也逐渐变得更有品位，越来越多的人以侍酒师的身份学习并参与品酒。人们比从前更加清晰地认识到，葡萄酒是一个需要职业能力和知识储备的复杂世界。除了味道，葡萄酒的品鉴还需顾及视觉方面以及气味，也就是嗅觉上的识别。正如一位钟爱各种气味的朋友让我观察的那样，如果你把鼻子伸进葡萄酒杯里，没有人会对此反感，而如果你去闻一道菜的味道，他们还是会觉得你很奇怪。

葡萄酒满足了味觉，令人陶醉，其中所含的酒精使其具有潜在的破坏性，因此它一直处于尼采关于日神和酒神的对比中间。在每一次经由葡萄酒点缀的优雅晚宴背后，总有极度的黑暗，在那里有恐惧和渴望，也有窘迫和解放。介于这之间的，是我一开始提到的艺术家们所歌颂的乐土：它能够带来愉悦，令人放松、魂不守舍、忘却烦恼。

除此之外，葡萄酒在圣体圣事仪式中拥有至高无上的地位，在此期间，天主教将酒看作是基督的血，用以赎罪。简言之，葡萄酒的象征范围非常广泛，从天堂到地狱，从举扬圣体到救赎。而且，尽管如此富有争议，但它呈现出来的样子是高贵而闪亮的。

登记在册的葡萄种类有 567 种，法定产区葡萄酒（Doc）有 332 种，高级法定产区葡萄酒（Docg）有 73 种，在约 31 万个种植葡萄的农场中，地方特色酒（IGT）有 118 种[1]，其余的都差不多。在构成葡

---

1   意大利农牧协会（Coldiretti）2019 年的数据。

萄酒香气的众多芳香化合物中，我们首先发现了葡萄单萜，它们主要赋予葡萄酒以花香。降异戊二烯类物质，如羟苯基丁酮，会释放覆盆子香气；大马士酮散发出淡淡的玫瑰香气，而b-紫罗兰酮因其紫罗兰香而在红葡萄酒的香味构成中具有重要地位；香草醛富有香草味；挥发性硫醇可以产生许多水果味；最后是酯类，带有梨、菠萝、桃子和红色水果的果香。这些酯类不断发生反应，最后实现化学平衡，这是葡萄酒越陈，其香越醇的原因。

最后，在酒桶中的储藏可以进一步添加新的气味——蜜饯、蜂蜜、香料、香草、可可和木材的轻微香气。

那么在香水中呢？虽然重建如此复杂多姿的气味并不容易，但仍然有部分有趣的香水利用了葡萄酒的香气。

幻想之水出品的"血色之木（Bloody Wood）"是"血红之水（Eaux Sanguines）"三部曲之一，复刻了上好勃艮第葡萄酒的香气，可以说是披着香水外衣的优质葡萄酒。它以白葡萄酒基香的清冷与金属感为前调，中调为樱桃、覆盆子和红葡萄酒的温暖圆润；这一切融于木质后调，比如橡木桶和珍贵檀香木的气味，营造出一种迷人的香味。

含有这种气味的其他香水

品牌	香水名称	品牌	香水名称
弗伽亚1833	闪电之地 （La Tierra del Rayo）	诺拜1942 （Nobile 1942）	鲁德 （Rudis）
液体创想	猩红骑士 （Bello Rabelo）	馥马尔	一轮玫瑰 （Une rose）

品牌	香水名称	品牌	香水名称
帝国之香	致敬 （Salute）	博迪西亚 （Bosdicea The Victorious）	精英 （Elite）
希尔德·索兰尼	蓝布鲁斯科 （Lambrosc）	鲁比尼	基调 （Fundamental）

为何受人喜爱

葡萄酒是智识和感官上的愉悦，是文化和满足。它总是与快乐、幸福和欢乐时刻联系在一起，比如精心准备的饭菜，与朋友共度的夜晚。

有何作用

葡萄酒的香气让人想起愉快的陪伴、聚会、充满欢乐的餐桌：这是一款让人心情愉快的香水，它使我们微笑着回想起过去的美好时光，或是畅想即将到来的美好未来。

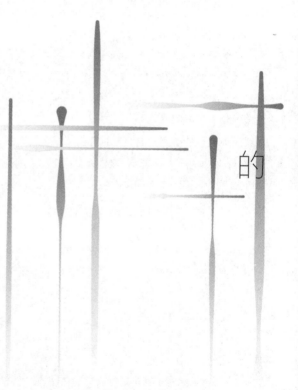

都市

市

的

气

味

城市的气味

\\\ 空气 \ 街区 \ 城市的嗅觉地图

每个城市都有自己的专属气味。巴黎的空气中弥漫着香烟、咖啡、地铁热气、面包和尿液的气味。伦敦的空气中到处是雾霾、废气、汽油、动物、大自然的气味，还有烧焦的橡胶和地下灰尘的气味。巴塞罗那散发出大海、鲜花、巧克力、灰尘和下水道的气息。阿姆斯特丹散发着大麻、芦笋、洗涤剂、培根和口服药品的气味。对我来说，米兰的空气闻起来有雾霾、椴木、假茉莉、香烟和大麻的气味，还有甜甜圈油炸过后的气味。

城市的气味反映了市民的生活方式和习惯、街区面貌以及在那里发生的各类活动。一直以来，一些研究人员在探索如何重建城市的嗅觉地图。其中，凯特·麦克莱恩（Kate McLean）通过她称为"嗅觉散步（smellwalks）"的实地考察，多年来一直在收集城市的气味数据，她与一群志愿者一起，记录了在目标城市的不同区域中识别出的气味，然后将其绘制成漂亮的地图，这是介于信息图表和简约设计之间的一种方式。

维多利亚·亨肖（Victoria Henshaw）是该领域的研究员，只是英年早逝。她在所著的《城市嗅觉景观》（Urban Smellscapes，2013）一书中指出，城市规划经常忽略城市的气味，这种规划的目标是创建一个了无生趣的城市，原本那些令人尴尬的气味被稳定的化学气味取代，但这样就剥夺了每个地方的独特性。她认为，如此的城市规划是一种变相的感官剥夺。专业人士从控制环境的角度来考虑：根据他们制定的标准除臭、遮盖气味增香，从不担心牺牲这个地区的专属气味。亨肖认为，对嗅觉效果的疏忽是因为人们长期以来一直将嗅觉视为一种次要的、不高雅的感觉，对它的关注仅仅是为了不造成干扰。

另一方面，日本至少在关注气味方面要先进得多：环境省早在2001 年就票选出"100 处气味绝佳之地"[1]，这些地方正是凭借它们令人愉悦的气味而入选国家文化遗产计划。它们从市民的诸多提议中选出，其中包括钏路的海雾味，郡山人偶制造商的胶水味，盛冈市南部米果的味道、温泉的硫黄味、薰衣草花香味，青森的树篱的气味、静冈的三重紫菜和烤鳗鱼店的气味，还有大阪鹤桥站韩国餐厅的食物气味，以及东京神田区的二手书店气味。

这种观点对我们来说是全新的：谁曾想过保护一个地方的气味？谁曾想过将气味作为国家遗产来保护？

在法国也发生了一些变化。2020 年，一项法案获得一致通过，目的是保护法国乡村的噪音和气味，包括粪便的气味。自 2018 年以来，法国向联合国教科文组织申请，并成功将格拉斯香水传统的全套技术经验加入世界文化遗产条目。

另一个有趣的做法是 2017 年由大力士铁路公司委托安装的"城市之香（*Scent of the City*）"。这是一款气味扩散系统，它选取了最具标志性和最令人兴奋的气味，为游客提供了一场途经巴黎、布鲁塞尔、阿姆斯特丹和科隆的嗅觉之旅。这场旅行体验从视觉观察出发，囊括了一系列具体活动，同时也是一次嗅觉探索，这同样是体验中不可或缺的一部分。闭上眼睛去描绘这些气味，仅仅如此就能让人以某种方式乘风旅行。

1　https://www.japantimes.co.jp/news/2001/10/31/national/ministry-compiles-list-of-nations-100-best-smelling-spots/

无论如何，虽然我们漫不经心地生活在被气味环绕的世界，仅在潜意识层面感受它，但是当周围的气味发生了变化，我们还是本能地察觉出自己身在别处。这种意识可能会伴随着不适或陌生感，或令人兴奋而好奇。但毫无疑问的是，嗅觉有助于我们感知周遭的环境。

在亚历桑德罗·佐杜洛夫斯基（Alejandro Jodorowsky）的《当特蕾莎对上帝生气时》（Quando Teresa si arrabbiò con Dio）中，对于贾希来说，城市的气味是一种诱人的香味，最令人兴奋。正是城市的气味引诱她，促使她违背家规，从而永远地改变她的人生轨迹。

我们要承认，将城市的气味融入香水中，这绝对是一个吸引人的想法。许多香水的灵感源自旅行的记忆和印象，源自遥远的土地，源自那些完美时刻，但也有一些人将目光投注于特定的城市。

比如法国香水品牌"街头漫步（Gallivant）"专为各个城市打造香水。目前为止，它的香水之路经过了以下地方：阿姆斯特丹、柏林、布鲁克林、布哈拉、伊斯坦布尔、伦敦、洛杉矶、特拉维夫和东京。

总部位于纽约的香水实验室（Le Labo）推出了"城市限定（City Exclusives）"系列，由14款香水组成，每款都对应不同的城市："香草44号（Vanille 44）"，带有木质香调和熏香，灵感来自巴黎的林荫大道；"愈疮木10号（Gaiac 10）"，源于来自东京的雪松木；"烟草28号（Tabac 28）"对应迈阿密，选取了来自阿姆斯特丹的橡木苔；"安息香19号（Benjoin 19）"献给莫斯科，就在安娜·卡列尼娜遇见伏伦斯基伯爵的那一刻；最新推出的"柠檬28号（Citron 28）"为首尔限定；"晚香玉40号（Tubereuse 40）"，其灵感来自纽约，并只在该市内销售；类似的还有伦敦限定的"胡椒23号（Poivre 23）"，迪拜限定的"皮革28号（Cuir 28）"。

含有这种气味的其他香水

品牌	香水名称
邦9号（Bond No. 9）：为纽约不同街区而设计	/
阶梯板（Step Aboard）：年轻的意大利香水品牌	灵感来自米兰城市中的许多地标和站点的系列：主教堂印象（*3d sul duomo*）；空中森林（*Bosco sospeso*）；中央火车站（*Milano centrale*）；绍恩路的皮革（*Cuoio di Thaon*）；薄荷与运河（*Menta sui navigli*）
	伦敦地标香水系列：无限广场（*Infinite Square*）；周日街道（*Sunday Street*）；过道门（*Transitions Gate*）
米兰之香（Milano Fragranze）	对应于米兰市的地标系列：运河（*Naviglio*）；大教堂（*Basilica*）；长廊（*Galleria*）；日间（*Diurno*）；布雷拉（*Brera*）；庭院（*Cortile*）；德比（*Derby*）；米兰佳人（*La Prima*）

为何受人喜爱

　　我们所处社区和城市的气味，是一种习以为常的气味：它闻起来像家，像熟悉的人，是一种我们所熟知的故土的气味。它就像是一个背景，我们在其间毫无意识地被动感知，而事实上，当我们从外地归来时，城市的气味就变得鲜明起来。

有何作用

　　这种日常气味与其说是在取悦我们，不如说是让我们下意识地感到安全：它直接进入潜意识，告诉我们到家了。相反，沾染上另一座城市的气味，可以让我们感受一种冒险和发现的兴奋感，去挑战探索一片全新的土地，或者去感受一个心爱城市的魅力。喷上代表某个城市的一款香水，我们能更近距离地感受这股魅力，并成为其中的一部分。

金属的气味

\\\ 氧化反应 \ 反浪漫 \ 冷酷而尖锐

　　门把手、钥匙和硬币，它们丁零当啷地响，表面光滑锃亮，有时可以反射阳光，然后我们可以闻到那种特别的气味。

　　我们生活中经常出现的金属物品是我们使用的最简单的物品之一，没有复杂的结构，就像你看到的那样，它们没有芯片或晶体管，无须按键或输入密码。它们简单明了得令人熟悉和感到慰藉，这也是因为它们具有独特的气味，能在众多物品中被辨别。简单的东西真美好，对吧？嗯，但也不完全是。

　　准确地说，科学告诉我们，为了感知气味，在我们的周围需要存在能够被鼻黏膜吸收的挥发性分子。然而，金属分子非但不是挥发性的，还是无味的。[1]然而，我们还是能闻见金属的独特气味。所以，这到底是什么？

我们所闻到的金属的气味实际上是汗水与金属相互作用而产生的气味。事实上，在与金属表面接触时，皮肤脂质会发生氧化，从而产生1-辛烯-3-酮，该分子是所谓金属气味的主要来源。金属的氧化反应产生的气味还类似血腥味，血红蛋白所含的二价铁离子与空气反应，分解过氧化脂质，这也就是为什么皮肤和血液本身就带有金属气味。

金属与有机物会产生反应，也是为何生活美学的专家们会谴责任何敢用刀吃鱼的人。这是因为，在过去，刀是铁制成的，和鱼肉接触后，会产生一种难以消除的难闻气味，这个问题现如今已不存在了。这就是为什么食用鱼的餐具都由特殊材料制成——比如银，并且形状特殊，银质餐具除了增强美观度和强调海洋主题外，还能使它们与其他餐具区别开来。

奇怪的是，金属味是一种极其日常的气味，它淹没在众多气味中，难以辨别，但是金属也可将我们带往另一番世界，那是人类可以到达的最远的地方——太空。根据宇航员的说法，太空中弥漫着热金属、烧焦的橡胶、废气和烤肉的味道，[2]这大概是源于宇航服上留下的多环芳烃。

简而言之，它是一种既直观又难以捉摸、难以定义的气味。对于作家罗伯特·弗里曼·韦克斯勒（Robert Freeman Wexler）来说，金属的气味干净而坚硬，[3]对于加拿大诗人安德烈·施罗德（Andrea Schroeder）来说，它清新而柔和[4]。到底谁是正确的？我们

1　除了水银。

2　https://www.focus.it/scienza/spazio/che-odore-ha-lo-spazio.

3　Robert Freeman Wexler, *Circus of the Grand Design*, Wildside Press, Cabin John 2006.

4　Andrea Schroeder, *The Ozone Minotaur*, The Sono Nis Press, Vancouver 1969.

无法肯定，因为这个问题始终都与个人感觉相关。

　　然而，尽管金属气味难以捉摸和形容，它也已进入了香水界。金属调的特性是尖锐、简洁、带有鲜明的反浪漫色彩。但也有例外，潘梅利根的"裁缝（*Sartorial*）"就是其中之一，这款香水刻画了诺顿父子定制服装店（Norton & Sons）的嗅觉肖像。这家老牌裁缝店位于伦敦市中心梅菲尔区的萨维尔街，香氛中有熨衣产生的蒸汽、蜡、大头针和剪刀的金属气味，还有淡淡的皮革味，后调中的香脂气令人想起顺滑的织物。这是一款优雅的淡香水，既经典又现代。

　　弗伽亚 1883 出品的"公式（*Equation*）"属于炼金术系列（*Alquimia*），指向宇宙探索的源头——康斯坦丁·齐奥尔科夫斯基（Konstantin Tsiolkovsky）公式，他在 1903 年提出该公式，为探索太空奠定了基础，正是它让人们得以感受宇宙的气味——铁水、烧焦的肉和火药。在银河系的中心，尤其是在人马座 B2 上，科学家已经确定了那里存在甲酸乙酯分子，这是一种具有朗姆酒香气的酯类分子。"公式"香水以一种极具魅力的烟熏皮革香调为容器，将这一切悉数包裹。

含有这种气味的其他香水

品牌	香水名称	品牌	香水名称
民族风俗 (Costume National)	数码花园 (*Cyber Garden*)	蚊子与兔子 (Moth and Rabbit Perfumes)	仇恨 (*La Haine*)
小纽约	月尘 (*Moon Dust*)	芦丹氏	铁百合 (*La vierge de fer*)

品牌	香水名称	品牌	香水名称
川久保玲	铜币（Copper）53号气味（Odeur 53）	安吉拉·西帕纳（Angela Ciampagna）	物质（Materia）
DS杜加尔	精神之灯（Spirit Lamp）	异者之香	邪恶的约翰（Wicked John）
麦德类	费尔布兰克（N°. XX Fer Blanc）	以太（Aether）	美沙酮（Methaldone）
尤娜姆	而非今日（But not today）		

为何受人喜爱

金属的气味是我们的身体与金属接触时散发出来的一种气味。它令我们感到一种安心的快乐，因为在内心深处，我们认出了一些熟悉的东西。

有何作用

金属的气味给予人们慰藉，因为它是熟悉的，其物品本身也相当实用。但它的嗅觉翻版，也就是香水，在概念上更偏向于金属，而不是我们的皮肤，其香可能是冷酷的、尖锐的、紧张的和反浪漫的，让使用它的人变得更加冷漠和疏离。

皮革的气味

\\\ 机车夹克 \ 自由不羁 \ 侵略性

紧身、黑色，通常会有一辆隆隆作响的摩托，再加上肱二头肌纹身和飘逸长发——这就是一件皮夹克留给我们的刻板印象。

它在1953年开始流行，这要归功于马龙·白兰度（Marlon Brando）在《飞车党》中扮演的约翰尼·斯特拉布勒，这个人物是一个反叛先锋，他开创了一系列穿着皮夹克骑摩托的反叛形象，从凯鲁亚克的《在路上》到《逍遥骑士》（Easy Rider），类似的形象层出不穷，在与20世纪70年代的摇滚文化融合之前，它一直保持着这样一种漠视法规、叛逆和近乎英雄式的魅力。

先不论这种服饰的标志性，对摩托车骑手来说，穿皮夹克（和其他皮质衣服）还有别的原因——它能让你的身体保持温暖，免受恶劣天气的影响，并在跌倒时提供保护，但这一切的前提是皮衣有良好的弹性和舒适性。出于同样的原因，它还需要是贴身的，因为它必须很好地贴合皮肤，从而发挥保暖和保护作用。

典型的皮夹克和机车夹克，其实就是香奈儿羊毛夹克的摇滚版（另外，在剪裁方面，两者也神奇地类似），你只要穿上它，似乎无论在谁面前变换装束（和性格），无论在里面穿什么，都会传递出一种坚韧不拔的魅力，它刺破了无辜软弱的假象，为休闲的服饰增添硬朗，为简约的设计增添个性。戴上反光的墨镜，即刻摇身变为摇滚明星。

皮革绝对是一种独特的材料，同样款式的衣服，如果由其他材料制成，销量会不同。因为在这些服装制作产业常用的材料中，人们对皮革还有一些恋物情结。在特定情形下，皮革服装标志着一种或多种都市亚文化，比如飞车党、BDSM 社群和皮革恋物癖者。当然，也有一些风格不那么摇滚的皮衣，但它们总是引发人们产生一些质朴的联想——牧场、荒野、66 号公路、无垠的沙漠、开阔的空间以及自由。总之，这种皮衣相对之前的"摇滚明星"来说，是更安静的"表弟"，虽然对生活的态度仍然是叛逆的，但它还远不能引领潮流。

除此之外，很多人喜爱皮革的诱惑性气味。（在我的调查结果中，它排在第 20 位。）

但这种气味从哪里来？会不会也充斥着沙漠和旷野的气息？也不尽如此，尽管在想象中，我们会将它与野生动物和大自然联系在一起，但是皮革的气味却很少有自然的元素。它不属于过去那种日常生活的气味，而是一种有点奇怪的化学气味，莫名地令人喜爱。

皮革源自畜牧动物的皮肤，是食品工业中的废料。长时间的鞣制阻碍了物质分解，因此皮革变得更具有耐久性、弹性和可加工性。虽然这种材料在舆论上有一定的争议，但它代表了一种变废为宝的智慧，它不会增加废料，而是利用废料来生产高质量的产品，比如鞋、衣服，还有像包、手提箱和腰带等其他配件。与毛皮不同，人们并没有专门为了获取皮革而残杀动物。

鞣制的方法有两种：植物鞣制和铬鞣制。第一种方法中的鞣剂由单宁组成，以及包含从栗子、坚木等植物中提取的天然物质，其中的配方组成不同，因此加工的方式种类也不同。

化学鞣制基本依赖于铬或苯胺，这是化学污染最严重的一种加工方式，但它可以使皮革变得更加美丽和珍贵。

皮革的气味来自鞣制过程以及所使用的鞣剂。与我们想象的不同，当进入皮革店时，我们最先闻到的、最强烈的气味，其实是源于植物鞣制的气味，它比化学鞣制的气味强烈得多。请注意不要将植物鞣制与所谓的生态皮革或纯素皮革混淆，后者是一种石油的衍生产品，通常是聚氨酯或PVC。

为什么皮革的气味如此迷人，如此强大？在《拜占庭》（*Bizancio*，1956）中，拉蒙·何塞·森德（Ramón José Sender）写道，皮革的气味对许多人来说是一种战斗的气味、一种好战的军事气味，与斗争直接相关，既是一种请战，也是对过去战斗的回忆。事实上，这是危险的气味。罗杰·维兰德（Roger Vailland）在《鳟鱼》（*Truite*，1964）中还说，这是一种单身汉的气味，非常适合19世纪资产阶级小说中的人物。

答案在此揭晓，这是一种具有强烈男性能量的气味（和一种材料），散发着搏斗和战争的气味。

在香水艺术诞生之时，这种强烈而迷人的气味也应运而生。从文艺复兴时期开始，手套大多被熏香，以掩盖鞣制产生的难闻气味。这是相当受追捧的奢侈品，最昂贵的手套来自西班牙，紧随其后的是意大利和法国的皮手套，但是香熏手套比无香的要贵得多。因此手套制作人也成了调香师，他们的奢华创意为他们的商品带来了人气。在这些创作中，皮革的气味始终存在，这是一种强大的基调，即使手套已成为遥远的记忆，这种气味依旧自然地为我们所用。

莫娜·奥锐欧出品的"皮革（*Cuir*）"是一款以皮革调为特点的香氛，英俊、富有、充满肉欲，正如品牌所说的"横跨在机车夹克和铂金包之间"。它强烈而深沉，被干涩、粗犷、富有烟熏味的皮革香调所主导，突出了其中最鲜明的动物性，又被苦艾酒和小豆蔻恰到好处地冷却，红没药的甜味萦回缭绕，最后形成一款奢华优雅的香水，令人无法忽视。

含有这种气味的其他香水

品牌	香水名称	品牌	香水名称
解放橘郡	芬兰汤姆 (Tom of Finland)	DS 杜加尔	捕熊能手 (Beartrapper)
陶尔之香 (Tauer Perfumes)	孤独骑手 (Lonesome Rider)	凯利安	爱已成往事 (Yes I Was Madly In Love,But That Was Yesterday)
香奈儿 (Chanel)	俄罗斯皮革 (Cuir de Russie)	疯狂巴黎 (Jul et Mad Paris)	爱的宫殿 (Amour de Palazzo)
艾绰	橡胶 (Gomma)	奥瑞斯工坊 (Atelier des Ors)	神圣皮革 (Cuir Sacré)
弗朗西丝卡· 比安奇	粘手指 (Sticky Fingers)	BDK 巴黎香氛	肌肤之间 (Crème de Cuir)
DSH之香	皮革与蘑菇 (Cuir et Champignon)	现代香水 (La Parfumerie Moderne)	皮革X (Cuir X)

为何受人喜爱

　　有人喜欢、也有人讨厌皮革的气味，它的动物香调或许会让人感到不适，也或许带来愉悦，富有侵略性的香气唤起力量、自由和活力，还带有一丝不羁的摇滚风味。

有何作用

侵略性、好战、果断——皮革的气味让你有责任意识，感觉自己是个准备好战斗的强壮战士。皮革能激发人的能量和力量，甚至是好胜心，非常适合展现自己的最佳状态。

金钱的气味

\\\ 纸钞 \ 汗液 \ 权力与成功

我曾看到一篇文章，它的可贵之处在于详细揭示了金钱是多么肮脏，生动解释了在被抽检的纸钞中，95%如何带有可卡因的痕迹、大量细菌群以及前主人的各种DNA线索。我总觉得这篇文章是对"脏钱"这个比喻的延伸，而不是夺人眼球的新闻，它揭示了我们社会上一些先入为主的观念。

有趣的是，一方面，我们关于金钱的偏见总是围绕着邪恶富人与善良穷人之间的矛盾展开；而另一方面，美国流行的关于金钱的观念则认为缺乏自爱会使人贫穷。我们通常耻于谈钱，但是在美国，任何时候人们都可以谈钱，不再被羞耻心所束缚。

在这方面，似乎没有什么比艺术家迈克·波切特（Mike Bouchet）的"温柔（Tender）"系列更加合适了，他聘请了一位专业调香师——德之馨（Symrise）的马克·冯·恩德（Marc vom Ende）来重现美元的气味。冯·恩德认为，美元的香味由至少100种气味组成，从用来印钞的特殊纸张——一种棉麻纤维的混合物，再到墨水，还有一丝皮革钱包的香气，一点收银机纸钞隔层的金属味，数百只接触过它们的带有汗液的手，最后是一股体味、可卡因以及细菌。这件作品在一个不到1300立方米的完全空旷的空间展出——位于纽约切尔西的马尔伯勒画廊，其中弥漫着美元的气味：一种微妙但可识别的存在、一个想法、一个幽灵。

那么欧元呢？也有同样的味道吗？在我看来，它们的硬度和气味都不同。美元的麝香味更浓，而欧元更有一种新鲜的坚果气味。

钱的气味在香水中并不常见，至少在旧大陆的香水中是这样，这可能是因为，虽然我们对硬币的金属气味非常熟悉，但是对纸币的金属气味却不那么熟悉。另一方面，正如上文提到的，不同国家的纸币会散发出不同的气味，那么构建一种所有人都熟悉的金钱气味，就成为一项艰巨的任务。此外，如果我们都不屑于谈论金钱，为什么要在身上沾染它的气味呢？

在美国，对待金钱的方式截然不同，帕特里克·麦卡锡（Patrick McCarthy）创立的香水品牌"液态金钱（Liquid Money）"就以美元气味为中心生产香水。根据他的说法，这是一种代表成功的气味。麦卡锡提到这个想法是他在阅读一篇日本研究时产生的，该研究证明当环境中弥漫着金钱的气味时，员工会变得更加高效。他还声称已经对其销售部门进行了实验，取得了很好的结果，但我所知道的就是这么多。

香水有男款和女款两种。男款香水"他的金钱（*His Money*）"再现了美元纸钞的香味。该品牌表示，这款香水以棉、丝和亚麻纤维为基调，在新钞独有的干净的香味中，添加了迷迭香、珍贵木材和柑橘类水果的芳香，最后加上草本植物和臭氧的点缀。出于某种我无法理解的原因，这款香水的包装中还有一张撕碎的美元钞票。

含有这种气味的其他香水

品牌	香水名称
液态金钱	她的金钱（*Her Money*） 他的金钱 2021（*His Money 2021*） 她的金钱 2021（*Her Money 2021*）

为何受人喜爱

金钱具有特殊的象征意义：它象征着权力和成功，象征着潜在的舒适生活。虽然它是我们不太关注的气味之一，但我们一定在意识深处感知着它。

有何作用

气味令人愉悦且兴奋，它让人想起权力、成功和实现任何目标的能力。这是一股积极的、迈向胜利的、建设性的能量。

烟草的气味
\\\ 嬉皮士 \ 谷仓 \ 温暖的草本气味

奥斯卡·王尔德说："香烟是一种完美的享受，它很美味，但不让你满足。"¹好吧，我们马上向吸烟的朋友道歉，但是等等，我们还是不明白如何定义什么是美味的烟，并不是伟大作家这样说了便是如此。

香烟、雪茄、小雪茄、烟斗，它们彼此相爱或相恨，没有中间地带。它们最多只能礼貌地容忍对方，这正是因为它们的气味。

香烟总是产生过多的气味，烟草燃烧释放的气味，以及吸烟者暴露在烟雾中，他的衣服和头发上也会沾染烟味，这是一种没人真正喜欢的气味，尤其是对于那些不吸烟的人而言。只有正在抽雪茄的人会喜欢雪茄味，而其他所有人都对此感到厌恶。那种绅士而略显老气的烟斗如今已经很少见了，以至于当人们看见它时，心中几乎油然生出一股同情。最近，还出现了电子烟烟雾的气味：这些都是人造的香味，虽然不那么有攻击性，但最终还是会显露出尾调中尼古丁的苦涩气味。另外，烟草燃烧前散发出来的气味，浓郁宜人，这是一种草本气味，温暖香甜，有点像干草，并带有榛子、焦糖和少量烟熏的气味。

专家估测在公元前5000年到公元前3000年之间，人类在南美洲首先种植烟草。烟草从前被认为是具有治疗功效的神圣植物，它被牧师和萨满用来治疗疾病和进行精神交流。历史学家认为，公元前1世纪的玛雅人在举行宗教仪式时会吸食烟草。在那种情况下，与大麻一样，该植物的使用方法与现如今的完全不同，在食用烟草前，人们需要举行仪式并进行长时间的准备。

在欧洲，烟草直到16世纪才出现，在美洲大发现后，连同整个茄科，其中包括西红柿、茄子、辣椒和土豆，都被引入了欧洲。它作为药性植物的命运可以追溯到1560年，当时的法国外交官、法国驻葡萄牙大使让·尼科（Jean Nicot）向卡特琳娜·德·美第奇

---

1 奥斯卡·王尔德，《道林·格雷的画像》。

（Caterina de' Medici）出售烟草作为偏头痛的对症药物——它起作用了。烟草因此得名"草本尼古丁（herbe nicotiniane）"，以及"女王的草药（erba della regina）"，它因其镇静功能而广受欢迎。在17世纪，由于烟草这种物质性热干燥，许多医生根据情绪理论，将其用于治疗所有因阴郁情绪过多而引起的疾病。烟草昂贵、时尚，象征着旧制度下的高贵身份，它迅速被看作是一种典型的社会阶层象征，烟草的贩卖很快被大力征税，而另一方面，烟草的走私也同样盛行。

烟草有利健康的好名声持续了很长时间，直到第二次世界大战结束。目前烟草对健康的损害已经人尽皆知，相关的研究也很多，但这仍然无法阻止人们还在大量地吸烟。

但是现在让我们回来关注气味，也就是烟草的气味。它是一种复杂的气味，由400多种芳香化合物组成。其中含有尼古丁，这种物质能够使吸烟者成瘾，它有许多功能，但并不是烟草气味中的主导物质，因为尼古丁的味道实际上很淡，像海的气味。

烟草燃烧后散发出的气味是由一系列物质混合而成的，如苯并芘、甲醛等醛类、一氧化碳、苯、甲苯，每个公司的具体配方不同，还可能添加了其他芳烃物质，如香草醛和愈疮木酚。

干烟叶的香味主要源于β-紫罗兰酮，这种分子带有木质、果香和紫罗兰的香气；还包括β-大马士酮，这种分子具有大马士革玫瑰的独特香味；同时，烟叶中还存在富有草本、干草和绿茶气味的茶香螺酮，以及塔巴酮，它带有甜稻草和核桃壳的味道。

虽然香烟的味道不太好闻，但它在记忆中是嗅觉意象的一部分，能够唤起一段愉快的过往回忆。艾伦·布莱恩特·沃伊特

1   Chiara Rita Pozzati, *Tabacco: vizio o virtù? Diffusione e consumo del tabacco nell'Europa dell'Ancien Regime*, Cristini Editore, Bergamo 2017.

(Ellen Bryant Voigt) 的诗《睡眠》(*Sleep*) 就很好地讲述了这一点。在某个愤怒的时刻，他离开家，冲到第一个出现的烟草店买烟。鼻下的烟味产生一种玛德琳效应，唤醒了脑海中的一系列记忆，尤其是嗅觉记忆：谷仓和火的气味，父亲的、叔叔的、祖父存放烟草的锡盒的气味，以及祖父本人，他总是缓慢而平静地卷烟；还有他那狂野的青春气味，健身房和面包车，他时常和情人躲在那里调情。这种气味，强烈到让他产生一种堕落的感觉。

在香水世界中，现代香水自诞生之初就发掘了烟草的味道。但是，如果说在20世纪初它便代表了一种叛逆的形象（比如浮华的20世纪20年代与那时的随意女郎），那么今天它也在顽皮地展现着异国情调和过往记忆。

在游牧之夜 (Une Nuit Nomade) 品牌的香水"记忆汽车旅馆 (*Memory Motel*)"中，调香师安尼克·梅纳多 (Annick Menardo) 的灵感来自1975年滚石乐队的专辑《黑与蓝》(*Black and Blue*) 中的一首歌曲，这张唱片是他们在纸醉金迷的流放期间创作的。当时，他们因税务问题被流放至长岛，居住于安迪·沃霍尔在蒙托克的传奇庄园。

这款香水向20世纪70年代致敬，在广藿香中，人们回忆起影响深远的嬉皮士浪潮，烟草的气味让人想起无休止的派对，以及录音室里的烟味；摇滚明星不可抗拒的性感，带着皮革和香草的味道，记忆的尘土覆盖一切，当烟草被点燃时，那带着熏香的微光，照亮了带有鸢尾花味道的回忆。

含有这种气味的其他香水

品牌	香水名称	品牌	香水名称
尼古莱 (Nicolai Parfumeur)	热情古巴 (Cuir Cuba Intense)	芦丹氏	摩洛哥热风 (Chergui)
芦丹氏	土耳其烟馆 (Fumerie Turque)	DSH之香	吸烟 (Le Smoking)
汤姆·福特	烟叶香草 (Tobacco Vanille)	弗伽亚1833	坎迪多·洛佩斯 (Cándido López)
费宗	红烟 (Tabac Rouge)	弗伽亚1833	东南 (Sudestada)
蓝色和平	朗姆酒和烟草 (Rhum & Tabac)	莫娜·奥锐欧	塔巴索 (Tabaceau)
妮姗	煽风点火 (Fan your Flames)	梅森·马吉拉	爵士酒廊 (Jazz Club)
19-69 (19-69)	哈瓦那 (La Habana)	塔威乐 (Tauerville)	闪亮香草 (Vanilla Flash)
普佛德尔复	托斯卡纳雪茄 (Toscanello)	帝国之香	禁忌烟草 (Tabac Tabou)
内奥米·古德瑟	苦行之林 (Bois d'ascèse)		

为何受人喜爱

烟草的气味可以是很多东西，是吸烟者的享受时刻，或是一段或温情或惆怅的、与亲人有关的回忆，它还可以是一种令人愉悦的气味，只是丰富而温暖的。

有何作用

烟草的气味温暖，具有包容性，令人自信，释放出一种充满能量的感觉，温柔而张扬，让使用这款香水的人变得沉稳可靠，富有魅力。

自　　　　　　　　　　　然

的　　　　　　　　　　　气

味

雨后泥土的气味
\\\ 石之气 \ 大地深处 \ 死亡与新生

我一直认为，忍耐下雨天的潮湿是值得的，灰蒙蒙的天空中淫雨霏霏，雨滴不断地敲打地面，在这一切都结束之后，大地将会散发出一股气味，一种极具辨识度却又难以描述的气味。

两位澳大利亚研究人员关注到了这种气味，他们在20世纪60年代的一项著名研究中，给它起了一个古色古香的名字——"石之气（petricore）"，由希腊语petra（意为"石头"）和ichor（意为"大地的神圣汁液"）构成，这是一个富有魔力的名字，并且能恰到好处地展现它的重要性。泥土的气味是一种自古以来就存在的气味，深入肺腑，仿佛直接来自大地深处。它闻起来像腐烂的植被，在永恒的死亡与新生的轮回中，为大地注入生命的汁液；它又像土地的呼吸，带着久旱逢霖后的餍足。詹姆斯·乔伊斯（James Joyce）在《青年艺术家的肖像》（*Ritratto dell'artista da giovane*）中提到了"petricore"这种气味，他说浸泡在水中的大地散发出"它致命的气味，像一股微弱的熏香，在许多人的心中透过松软的土壤缓缓升起"。

这是一种湿润而神圣的气味，颓废却又充满活力，混杂了生命、死亡、根须、岩石和土壤的元素。这种气味（petricore）是多种

1　Joy Bear, Richard Thomas. "*The Nature of Argillaceous Odor*", in *Nature*, vol. 201, 1964.

气味组合在一起的，而不是仅有一种鲜明的气味。在城市里，它吸纳了沥青和烟雾的味道，这让它变得沉重，使它变得更加灰暗和刺鼻，使人的喉咙产生轻微的刺痛。在乡村或是野外，它变得更加有草本的清香，轻盈芬芳。在冬天的雨季，它呈现出强烈而刺鼻的特征；夏天，在干燥的土地上，它获得了一种近乎烟熏的质地，像是一股从大地中释放出来的水蒸气。

究竟是什么物质产生了这种气味？根据上文引用的研究，雨后泥土的气味源于一种精油，其功能是阻止根系的生长并防止种子在干旱期间发芽，而当下雨时，它便会从土壤和岩石中释放出来，这要归功于机械（液滴的作用）和化学（将物质释放到空气中的过程）的双重作用。两位学者甚至设法从岩石中提取了这种精油，清楚地表明这就是雨后泥土气味的形成原因。

在较为潮湿的地区，在这种精油中还含有土臭素——geosmim，它的命名来自希腊语的geo（泥土）和osme（气味），非常贴切地表明了它是"泥土的气味"。它是土壤内富含的细菌、放线菌和蓝藻在分解有机物时产生的一种有机化合物。

对于雨前空气中的气味也有一个解释，在我看来，它似乎是带电的，干净、锋利得像玻璃碎片。这是臭氧的气味，闪电放电产生了少量臭氧，首先它们将双氧原子分离，然后它们相互结合形成臭氧。最后，雨前的阵风将臭氧吹向大地。这是一种非常细腻的气味，但即使是很小的剂量（亿分之一），人的鼻子也能清楚地感知到，这或许是生物进化的结果。

我们说回雨后泥土的气味，这是一种非常受人欢迎的气味——雨的气味（还包括雨后的空气）在我的调查中排名第3位。奇怪的是，这也是一种人类鼻子极为敏感的气味。即便是万亿分之五的气味浓度，相当于200个奥林匹克游泳池中的一茶匙，我们也可闻到。

雨水的味道启发了许多调香师，尤其是在小众香水领域。雨后泥土的气味中本身就有一些诗意、迷人的东西，有很多香水都诠释出了"雨"这个概念。

印度香水之都卡瑙杰（Kannauj）在北方邦（印度北部），这里生产"泥土之香（Mitti Attar）"，是一种让人联想到雨后泥土的芳香精油。这种香氛是人们通过加水蒸馏，从干燥的泥土圆盘中提取出来的，这样能够捕捉泥土在雨中释放的精油，再现这种活力。该公司报告称，他们通过添加奶油檀香油来增强它的香气，强调它的泥土特质。这种精油被称为基调（参见"关于香水的一些话"一章），让香水的层次变得更加丰富。

馥马尔香水出版社出品的"雨后当归（Angelique sous la pluie）"由著名调香师让-克劳德·艾列纳（Jean-Claude Ellena）创作，他将其描述为一幅雨后当归花香的嗅觉肖像——当你在雨后的花园里信步而行，当归花随着风儿簌簌落下。这是一幅何其细腻的水彩画，优雅非常。前调是冰冷的，就像一朵被雨水冻僵的花朵，然后慢慢回暖。杜松的凛冽和粉红胡椒的辛香逐渐褪去，在雪松和白麝香基调的支撑下，当归柔和的草本气息缓缓回归。

含有这种气味的其他香水

品牌	香水名称	品牌	香水名称
CB我讨厌香水	伦敦湿路（Wet Pavement London）	索斯蒂斯（Solstice Scents）	雨后（After the Rain）沙漠雷暴（Desert Thunderstorm）

品牌	香水名称	品牌	香水名称
祖玛珑 （Jo Malone）	伦敦雨 （London Rain）	阿克米亚香氛	觉醒沙漠 （Awakening Desert）
动物学家	蜻蜓 （Dragonfly）	米勒·海莉诗	秘密花园 （Cœur de Jardin）
贾克斯·佐蒂	哈瓦那之雨 （Havana Rain）	特殊香氛	悬崖墨雨 （Pluie Noire）
莫娜·奥锐欧	圣布兰奇 （Sainte Blanche）		

为何受人喜爱

雨后的泥土气息有一种深沉、亲切的感觉。在感知它时，人们似乎感觉自己正在最隐秘的深处窥探自然本质，在窃取生命奥秘的碎片。

有何作用

也许没有比这更与大地相关的气味了，只有从植物根须中提取的精华才能与之媲美，它通常带有黑色泥土的特征，例如香根草和广藿香。喷到身上后，这种气味会变得更加稳定，与人们物理体验的联系会更加紧密，更加靠近我们的第一脉轮、生存本能，以及与快乐相关的一切。

雪的气味

\\\ 洁净 \ 缄默 \ 锋利的凛冽

对我来说，雪是姗姗来迟的。我在地中海中部的卡利亚里长大，在十几岁的时候，我第一次在巴黎遇见雪。在此之前，我只在动画和电影中看到过，我想象它的柔软、温和与美味，而在海蒂和彼得热情的叫喊中，我夸大了对雪的企盼。相反，它是冰冷的、刺鼻的、松软的，几乎没有味道。起初它让我有点失望，但后来我尝到了它的味道。

即使在今天，我也很喜欢雪改变环境外观的那种方式，它知道如何使周遭变得诗意，哪怕是郊区道路或垃圾填埋场，然而，这还远不足以窥得它的秘密。我了解城市的雪，但我从未注意到这其中有一股特殊的气味，我总是忙着躲避降雪。但是，我很清楚，它使空气更透明干燥，并且由于其雪白的颜色，让人觉得环境愈加干净整洁。

然而，我怀念上雪山的经历，那里雪更像雪，更加真实。因此我请教了该领域的朋友和专家，请他们告诉我关于雪之气味的成因。一些热爱滑雪的朋友，时常作客山中，他们告诉我这是一种空虚的气味，有些人说它冷冽，有些人说它干净，有的人甚至把它定义为无气味。从某种意义上说，每个人都是对的，如果雨水（见"雨后泥土的气味"一节）将自然的精油从泥土里发掘出来并散播到空气中，那么与之相反，白雪就将它们冻结在原地，在那地底的深处，以某种方式净化了空气，消除了它的气味。那种清洁或空虚的感觉就是由此生出的。

雪是许多水晶体的聚集，因此能散发气味的有机元素很少。但它不仅仅是一种物质，更重要的是一种体验，它有自己的质地、颜色和声音——在感受它，以及在描述它时，这些都是我们无法不关注的层面。

雪的气味似乎能给人一种物理上的感觉——锋利的凛冽，还带有一点臭氧的气味和缄默的沉静，它的洁白清空了我们的大脑，接近禅宗的境界。简而言之，它不完全是一种气味，而是对应感官刺激的总和。

安娜·德·诺阿耶（Anna de Noailles）在诗歌《雪的芬芳》（*Joviale odeur de la neige*）中用一系列可爱的通感描述了雪的气味，它是"一种比白色再蓝一些的气味"，它是"快活的"，是"沉默的冰糖"，是"星星化成的寒凉齑粉"。

斯蒂芬·茨威格在《锁不住的秘密》（*Bruciante segreto*）中说，雪有一种"温和而尖锐"的气味，这两种性质几乎是一种矛盾，证明了它神秘而难以捉摸的本质。

对于激发调香师的灵感来说，这种体验性的气味是一个再好不过的挑战。香水中也有雪的基香，但它试图重现的是与之相伴的寒冷感，而不是气味。

美国独立香水品牌"CB 我讨厌香水"出品的"凛冬 1972（*Winter 1972*）"是一款公认的艺术品，虽然不合其名，但它重新勾勒了青春的记忆——十二月的夜晚，星空下的新雪散发着耀眼白，"一片新鲜的、未被触及的雪，好似覆着霜的羊毛手套，冰冻的森林和大地在厚厚的雪层下沉睡"，这种气味"散发着幽蓝的寒意，就像新鲜的雪与银色的星"。这款香水具有轻微的泥土气息和木质气息，并带有一些雪的冰冷。就像当年的那个晚上，那是一个值得铭记的时刻——仰望星空，期待未来。

含有这种气味的其他香水

品牌	香水名称	品牌	香水名称
疯狂巴黎	天国的阶梯（*Stairway to Heaven*）	汤姆·福特	雪映流光（*Soleil Neige*）
托巴利（*Tobali*）	春雪（*Spring Snow*）	希尔德·索兰尼	眼泪（*Lacrima*）
动物学家	雪鸮（*Snowy Owl*）	蚊子与兔子	玩偶（*Dolls*）

为何受人喜爱

在一年当中，每逢下雪，大自然都会放慢节奏，这时一切都是平和静默的，人们更多时候会留在家中，减少外出。那被白雪覆盖的景色，那从天而降的小小奇迹，一切似乎都变得更加奇幻了。

有何作用

雪的气味，或者更确切地说是关于雪的体验，让人想起和平、寂静和安宁，它通常适逢圣诞节和假期。总之，我们似乎在接触大自然中最令人放松的一面。

太阳的气味

\\\ 阳光 \ 晒干的织物 \ 明亮而简单

太阳的气味是纯粹的，令人愉悦，那是阳光晒了一天之后，留在晾干的衣服上、皮肤上的那种明亮的气味。这种气味令人熟悉，味道纯正，没有不必要的复杂。它是一种简单、可靠、令人放松的美——只消把衣服挂在阳光下，你就会发现它们变得整洁而芬芳。

但是当我们谈论太阳的气味时，我们在谈论什么？我们不知疲倦地绕着这颗闪亮的星球旋转，它距离我们的星球有1.496亿公里，如果它有一种气味的话，那么我们在地球上闻到这种气味是极不可能的。

意大利研究员西尔维亚·普格利泽（Silvia Pugliese）在哥本哈根大学攻读硕士学位期间研究了我们与太阳相关的气味。根据她的研究，在阳光下晒干的织物表面会形成一系列醛和酮，这些有机化合物也被用于制作香水，它们能产生花香和果香。例如，织物干燥后会产生戊醛，这是一种存在于小豆蔻中的醛，又如带有柑橘香气的辛醛以及带有淡玫瑰香气的壬醛。据研究人员称，这些物质的产生可能是由于织物暴露于臭氧和紫外线下产生的，由于醛类与棉纤维结合得特别好，这种气味能持续很长时间。

只需与某人谈论气味，你就会发现这种气味非常受欢迎。理论上这种气味的产生非常简单，但实际上，在没有花园的城市住房中，这仍然是一个需要在特定环境下才得以实现的愿景——简单的生活、大自然和户外空间。对许多人来说，最方便的解决方案是依靠替代品，比如蜡烛或室内香熏可以再现悬挂在阳光下的衣服气味。

牙买加诗人夸梅·道斯（Kwame Dawes）在他的《晾衣绳颂歌》（*Ode to the Clothesline*）中，宣扬了尊严与清洁、本真和户外生活的价值，因为这才是真实生活的气味，没有矫饰。

与暴晒在太阳下的织物类似，对于阳光下的酯类氧化，我们的皮肤也会进行反应，产生一种气味，有些人极喜欢这种气味，而有些人则非常厌恶。对于一些人来说，它具有强烈的麝香味，对于另一些人来说，它辛辣油腻，这里的区别取决于几个因素，其中主要是个人对某些分子的敏感性以及皮肤对阳光产生的化学反应。另外，由于饮食、压力水平、荷尔蒙状况，甚至健康状况等因素的影响，每个人的身体也会散发出不同的气味。无论如何，就像金属一样（参见"金属的气味"一节），阳光的气味实际上来源于暴露在阳光下的物质的反应——衣物、皮革和所有其他物品。它一如既往地与个人体验有关，这是一种快乐的气味，与童年的记忆或理想化的画面有关，温度足够温暖，加上蓝天给人带来的轻松感，可以让你铺开衣服，感受织物的柔软，让人忍不住将其中一件覆在脸上，感受它的温暖和馨香的气味。

正如村上春树在《海边的卡夫卡》中观察到的那样，太阳赋予事物的那种气味，是一种珍贵的气味。

在香水界有许多以阳光香调为标志的香水，尤其是在商业香水中。

然而，仅仅在名称中出现"夏天（Summer）"或"太阳（Sun）"等词语及其衍生词是不够的，这通常只是揭示了这款香水的衍生性，表明了它是这种成功香味的某种变体，制作它是为了进一步地利用这种味道。不过，明亮的感觉还可以通过多种方式

---

1 有许多关于疾病如何改变人体气味的研究。

实现——比如活力满满的柑橘味或柑橘香调，还有胡椒醛及其化合物，它们散发着醛类的强烈光芒。

亚历山大·J（Alexandre J）的"黄金乌木（Golden Oud）"是一款奢华的香水，其灵感来自东方商人的商队，他们携带大量珍贵物品穿越沙漠，走过无边无际的土地。它的前调是辛辣的太阳醛香调，散发出浓郁而富有东方气息的檀香、香根草和广藿香。香水的后调将麝香、动物元素和沉香木（一种珍贵的树脂）融为一体，呈现出一种柔和感性的干爽。

含有这种气味的其他香水

品牌	香水名称	品牌	香水名称
燃烧的实验室	奥瑟格尔（Hossegor）	异者之香	闪耀（Kira Kira）
鲁宾	阁楼时光（Attique）	米勒·海莉诗	初晨之光（Lumière Dorée）
麦德类	弗洛雷斯岛（Fuego Flores）	提尔肯伯纳	非常法国（Très French）
米兰面具	反射（Ray-Flection）	艾莉萨博（Elie Saab）	午夜（Nuit Noor）
希瑞娜	泳池男孩（Pool Boy）		

为何受人喜爱

在阳光下暴晒的物质总是散发出令人愉悦之极的气味，具有包容性，令人放松。这是一种简单的气味，没有添加，多亏阳光照射皮肤产生的温暖的身体感觉记忆，这种气味总是令人安心。

有何作用

太阳的气味是充满活力和刺激的。它让你心情愉快，让人安心，让我们充满信心，准备好迎接任何挑战。

新割草的气味
\\\ 草坪 \ 纯粹 \ 轻松宁静

对于割草，我们是否要比美国人更加陌生呢？在大洋对岸，迷人的小房子前面有优美的草坪，没有围栏，需要定期修剪，而我们的花园通常开满鲜花、植有灌木和一些芳香植物。在城市里，草坪似乎比公园和花坛更受优待。

然而，割草的气味是最受人们喜爱的气味之一。它在我的调查中排在第7位，领先于许多有力的竞争对手。我们喜欢草的味道与喜爱其他气味的原因相同，那就是与气味相关的记忆和感觉，以及这些气味因此在我们体内产生的情绪反应。

芝加哥神经学家和精神病学家艾伦·赫希博士专门研究味觉和

嗅觉的丧失，根据他在 20 世纪 90 年代初进行的研究，杂草的气味能够激发在 1960 年之前出生的人（也就是 30 岁左右的人群）产生积极的情绪，而对于更加年轻的青年来说，这种气味是负面的，因为它与强制修剪草坪有关。

虽然这种气味象征着驯服自然的企图——根据我们的审美来控制茎秆的长度，但是我们仍然喜欢草的气味，因为它表达了我们对自然的热爱，与自然接触的渴望。这种气味也让我们想起温暖或炎热的季节，在这些季节里我们花更多的时间在户外，度过无数欢乐的时刻——周末、郊游、户外运动、在大自然中散步。

此外，草的外表是如此简单和自然——即使那些试图播种草坪的人知道真实情况并非如此——它产生一种气味，使我们联想起那些真实、纯粹的事物，毫不掺假，自存在之初就表里如一，这是某种流于宁静智慧中的东西，我们喜欢将它归于自然。

它是如此珍贵，以至于它曾被用于一则爱情宣言中。1930 年至 1931 年间，泽尔达·赛尔（Zelda Sayre）与她的丈夫弗朗西斯·斯科特·菲茨杰拉德（Francis Scott Fitzgerald）进行密切的通信，当时她因在瑞士尼翁的一家诊所住院而被迫与丈夫分离。在这些凄美爱情宣言中的其中一封里，她列出了一份诗意而动人的清单，清单所列的是使他与众不同的事物，其中就有他身上的一股青草气味——在旧墙壁边生长着的、潮湿的青草。

我们回到割草的气味，这是由于其中含有顺式-3-己烯醇，它具有绿色的草本气味，其异构体反式-3-己烯醇，具有稍显苦涩的、带着花香的泥土气味，而反式-2-己烯醇则略带水果、蜡质和草本的气味。由于顺式-3-己烯醇的存在，我们也能发现青草味有一点与面包和雨水的气味是相同的——它们的嗅觉阈值都很低，也就是说，我们的鼻子能够非常迅速地感知到它。

在香水中，草本香调是绿色香水中最受欢迎的成分之一，它有一种非常清新和尖锐的香味（很容易出现在运动版香水中），我们可以用波德莱尔的诗歌《应和》中的一种美妙通感来定义它：

有的芳香新鲜若儿童的肌肤，

柔和如双簧管，青翠如绿草场。

威劳瑞希（Lorenzo Villoresi）出品的香水"马黛茶（*Yerbamate*）"描绘了一片无边无际的绿色草坪，草叶、芳香植物和小野花在风中轻轻摇曳，温暖的空气中弥漫着它们的香味，在这大自然的一隅中，激荡着无限的美丽。柑橘香的前调很快让位于马黛茶和新割草的绿色香气，使人仿佛沉浸于大自然中，被全然地包裹。

含有这种气味的其他香水

品牌	香水名称	品牌	香水名称
CB我讨厌香水	草（*Grass*）	欧梦德·杰尼	同名女士（*Ormonde Woman*）
DS杜加尔	漆树（*Staghorn Sumac*）	皮埃尔·格拉姆	纸莎草纸（*Papyrus de Ciane 24*）
邦9号	麦迪逊公园（*Madison Square Park*）	阿蒂仙之香	夏夜清风（*L'Été en Douce*）
麦德类	莉莉在这里（*Lili Làà*）	爱马仕（Hermès）	屋顶花园（*Un Jardin sur le Toit*）
安霓可·古道尔	午后清晨精致花园（*Eau de Camille*）	罗马之香	宁法花园（*Ninfea*）

品牌	香水名称	品牌	香水名称
圣玛利亚修道院	皇家薰衣草 (*Lavanda Imperiale*)	DSH之香	八月野餐1976 (*August Picnic 1976*)
弗伽亚1833	会议厅 (*Chamber*)	米兰之香	德比 (*Derby*)
纳斯马图	印度青草 (*Hindu Grass*)	嗅觉实验室	绿野仙踪 (*Décou-vert*)

为何受人喜爱

青草的气味使人回想起自然的图像、声音和色彩——无论身在何处，一闻到这股气味，我们就会不由自主地脱离当下环境，发现自己置身于一个芳草鲜美、空气清新的安全幻境中，那是一种回归本质的简单生活，干净整洁。

有何作用

这种气味令人陶醉，传达了喜悦、轻松和宁静的感觉。它还能抵抗压力，有助于人们放下消极想法，关注事物的美丽，让心灵回归自然，去寻觅宁静安详的空间。

干草的气味

\\\ 牧场 \ 晒干的稻草 \ 深沉而古老

干草堆里的针叶、吃草的奶牛、白色的磨坊和矗立在夏末田野的巨大稻草卷，这些事物就像现代雕塑，还有标志性的长方形干草捆，它们使这座城市任何一家运动装店的玻璃橱窗都更有乡村风情。然而稻草闻起来是什么味道？干草呢？我们当中有多少人能说清呢？

上文所述的话立刻在城市里催生出一种浪漫而光鲜的乡村生活理念，其中有快乐的动物、阳光和纯正的牛奶，但这更多是一种市场营销，而非具体现实。这种理念包含了令人熟悉的元素，但距离大部分农民的日常生活还是相去甚远。

然而，有一些气味的原型，我们对它的认知并非来自自己的经验，也不是一种直接知识，我们对这些原型气味的反应是一种与生俱来的本能，因为它们属于我们的集体记忆，属于超越我们意识层面的远祖记忆。这正是嗅觉所对应的层面。

稻草和干草的气味属于这一类。但两者间有所区别，干草主要是牧场的草，割下后晒干而成，用于喂食草食动物，里面也有一些豆类。与之不同的是，稻草是一捆没有营养价值的小麦和大麦秸秆，常用作垫料。

如果你有与此相关的美好回忆或者没有任何过敏，这两种气味闻上去都是令人愉悦的。干草含有大量香豆素，这是一种带有杏仁香味的物质，新鲜的干草散发出甜美、温暖和圆润的气味。它还含有辛醇，散发绿色青草味的酒精，带有木质和烟熏味的乙烯基愈疮木酚甲基乙醚；带有花香和果香的癸酮和十二酮。当它变得陈旧后，还可能带有一丝干草和灰尘的气味，有时甚至是霉菌的气味。而稻草的气味更加干燥，略带谷物和灰尘的味道。

　　干草和所有芳香植物都与奥尔德斯·赫胥黎的《新世界》（Mondo nuovo, 1932）中讲述的反乌托邦世界相冲突，在这个世界中，人们失去了区分人造气味和真实气味的能力。这里的气味可以从水龙头获得，人们在公共场所放置用以除臭的香熏机，这种机器将气味搭配合成音乐在空气中传播，两者与真实的气味和真实的音乐的距离可以用光年计算。机器演奏着青草味的随想曲，当然也是合成的，旋律中跳动着带有百里香、迷迭香、罗勒、桃金娘、薰衣草气味的琶音，一直到龙涎香的音符，最后通过其他香精，编织带有新鲜干草的气味的旋律。在试图最大限度地再现自然的同时，它已经处于人工制造的顶峰。

　　在香水中，稻草的气味已被广泛使用。馥马尔香水出版社出品的"冬之水（Eau d'Hiver）"，由调香师让-克劳德·艾列纳（Jean-Claude Ellena）调制，与名字不同，这款香水的理念复刻的是一种温暖舒适的感觉——夏天里躺在温热的干草垛中，沐浴在反射着阳光的云雾中，沉入梦乡。干草香的主体中混杂着鸢尾的尘土气息，再加入蜂蜜圆润而富有动物性的气味和麝香，温暖柔和，是一款令人惊异的香氛。这不是冰冷的水，而是在冬天里温暖人心的东西。

含有这种气味的其他香水

品牌	香水名称	品牌	香水名称
芦丹氏	稻草之水 (L'eau de Paille)	皮埃尔·格拉姆	21号–香草 (Felanilla 21)
芦丹氏	摩洛哥热风 (Chergui)	布鲁诺·阿坎波拉	高点 (Sballo)
弗伽亚1833	草原落鲸 (Ballena de la Pampa)	罗伯托·格雷科	护目镜 (Oeilleres)
麦德类	岩兰草 (Vetyver Bucolique)	阿蒂仙之香	夏夜清风 (L'Été en Douce)
麦德类	巴拿马帽 (Paname)	费雷罗大师香水 (Lucien Ferrero)	他爱 (Par Amour Pour Lui)
凯利安	为我点火 (Light My Fire)		

为何受人喜爱

　　干草的香气是实在的泥土气味，甜美且令人放松，我们将它与夏天里的美好回忆联系起来，想起那些宁静的、回归自然的时刻，让我们重新找回那些可能已经遗漏在城市生活中的对自然的深度接触。

有何作用

　　干草的气味深沉而古老，牢牢联结着我们最久远的根源，使人安心，充满力量，它满足了人们与大地和谐相处的渴望。大地是个人灵魂的原始构成，在被人们遗忘后，又被重新发现。这种气味实在、稳定，能满足人们的基本需求。

动物的气味
\\\ 皮毛 \ 马厩 \ 生动而强烈

　　在本书末的"调查结果"中，经常会出现宠物的气味，比如自己的狗、宠物猫的小脑袋等等。许多人告诉我，他们喜爱这些气味并不是因为气味本身，而是因为其中的情感联结，是出于对这些动物的熟悉和喜爱。然而，最能激发调香师灵感的动物是——马。

　　马的世界充满了各种强烈的气味，从它的汗水到马厩中的干草，从稻草到皮革制的马具，还有各类护理产品，从护蹄的焦油到排泄物——起初，这些气味对于嗅觉来说似乎并没什么意思，对于香水来说更是如此。

　　然而马术爱好者们认为这是一系列迷人的气味。马术是一种非常强烈的爱好，因为它创造了一种人与动物之间的联系，两者形成力量和速度的联盟，达成默契，相互尊重。

　　正如秘鲁诗人、作家何塞·玛丽亚·阿尔凯达斯（José María Arguedas）在故事《旧烤炉》（El horno viejo）中所说，马的气味就是世界的气味，它承载了世间的一切：汗水、辛劳、精力、决心、负担，甚至偶尔还有粪便。

也许正是这个原因，虽然它不是一种立刻就让人喜爱的气味，但它出现在香水中的频率却令人惊讶。事实上，我不知道有哪款香水使用了狗的气味，目前也只有一款日本香水是以猫的气味为灵感。[1] 香奈儿的水桶包（Cuir de Russie）只是以间接的方式唤起人们对马的想象，通过皮革暗示人们想起马鞍和靴子，还有让人想起马蹄的白桦焦油，所有这些让人眼前浮现出一个性感优雅的准备驰骋的骑手形象，而有的香水却专门表现马的气味。

比如来自帝国之香的"马术骑手（Equisitrius）"就是这样一款香水，它的调香师是马克-安东尼·科尔蒂吉亚托（Marc-Antoine Corticchiato），他是一位狂热的马术爱好者和障碍赛的前任冠军，他为这款香水选择了他最喜欢的马的名字。像所有马术爱好者一样，科尔蒂吉亚托说健康马匹产生的汗液、皮毛和粪便混合物使它具有一种甜美的动物性，带有浓郁的香脂味。调香师在此基础上添加了马蹄的味道、胡萝卜的新鲜气味、赛马奖牌的气味以及马具和马鞍的皮革气味。

然而，这款创意香水不怎么突出后面增添的这些气味，也许就如意料中的，它更多强调它的温暖以及动物性的甜美。香水的前调是紫罗兰和米粉的香气，是那种细碎的花香，其中加入了鸢尾，与檀香一起营造出柔和的香气，就像绒面革，几乎是乳脂状的。那从不令美食家失望的巧克力气味，令香水层次更加丰富，也更加深刻。它的后调具有琥珀的温暖和浓稠，其中还加入了香芙蓉种子的气味。其最终效果令人着迷，回味无穷，尽管科尔蒂吉亚托遗憾地

1　https://www.lastampa.it/la-zampa/gatti/2015/12/14/news/in-giappone-e-stato-inventato-uno-spray-che-profuma-di-gatto-1.35199955

坦言这款香水销量不佳，只有爱好者才能理解。

含有这种气味的其他香水

品牌	香水名称	品牌	香水名称
液体创想	圣兽之皮（*Peau de bête*）	卡地亚（Cartier）	时之昂扬（*L'Heure Fougueuse IV*）
皮埃尔·格拉姆	阿拉伯之马（*3.1 Arabian Horse*）	内奥米·古德瑟	骏马之躯（*Corpus Equus*）

为何受人喜爱

　　马的气味是为天生的狂热者保留的一种乐趣，他们在其中找到了一种记忆，那是一段令人兴奋的经历，生动、干净，充满活力，与动物紧密相连。

有何作用

　　充满力量的气味令人振奋，让人快速恢复元气，还可以强身健体；在肌肉紧绷，蓄势待发的生命冲动中，我们直面自己最具动物性的一面，以直觉为主导，少了一些理性。

记　　　　　　　　　忆

的

气　　　　　　　　　味

书的气味

\\\ 古籍 \ 变质的纸张 \ 巴别图书馆

人们购买书籍并不纯粹是因为它的气味。但令人惊讶的是，人们认为书籍有一股自己的气味，与书中的故事内容并无关联。

然而，无论书本新旧，它们的气味却出乎意料地受人喜爱，有许多作家都广泛地谈及这种味道。[1]尼尔·盖曼（Neil Gaiman）说他找到了这些书，它们的气味是世上最性感的东西之一。[2]相较于书籍的其他特性，雷·布雷德伯里（Ray Bradbury）多次认为新书有一股书香，而旧书的气味更加好闻。无论如何，雷·布雷德伯里确信——书一定有味道！

但是书籍闻上去像什么？村上春树在《海边的卡夫卡》中认为大多数书籍都有一种过去的气味，一种从纸上散发出来的气味，这实际上是一种留存于书页之间的知识与情感的非凡气味，它被完好地封存在封面下，静静等待在翻阅时被释放。卡洛斯·鲁依斯·萨丰（Carlos Ruiz Zafón）在《天使游戏》（*Gioco dell'angelo*）中，更笼统地认为它是纸和魔法的气味。

除去比喻作用，也有人在书籍中闻到了现实中的气味。

阿根廷作家兼翻译阿尔贝托·曼古埃尔（Alberto Manguel）承认他喜欢陈旧的企鹅出版社的平装书，是因为它们散发出饼干的气

1　在我的调查中，它以三种形式出现：处于第12位的新书的气味，处于第24位的普通书籍的气味，以及第26位的旧书的气味。

2　Aa.Vv., "Neil Gaiman: Different Kinds of Pleasure", in *Locus Magazine*, febbraio 2005.

味，还有些人发现书中有盐、巧克力和雨的气味。

近年来，书籍的气味引起了人们极大的兴趣，尤其是古代书籍的气味。

自 2017 年以来，伦敦大学可持续遗产研究所研究员塞西莉亚·本比布雷（Cecilia Bembibre）一直负责收集、捕捉和保存过去的气味：古籍、历史建筑、历史上的生活物品。她的研究从现实观察出发，尽管嗅觉记忆被认为是我们非物质文化遗产不可分割的一部分，但我们对于过去的认识几乎是无味的。研究的主要手段是用于分析挥发性分子的特定技术，例如顶空气相色谱法，[1]同时本比布雷还进行人类体验研究，通过志愿者团体收集研究对象的嗅觉印象。通过合并数据，她开发了一种气味轮，其中特定的描述对应于特定的化学物质。如果一本书闻起来像巧克力，它可能正在释放出香草醛、苯甲醛和糠醛，这三种化学元素与纸张纤维素和木质素的降解有关；[2]如果书本闻起来有饼干的味道，这尤其要归功于两种化合物——带有面包香气的糠醛以及香草醛。然而很遗憾，这种气味表明这些书正在变质。取而代之的将是霉菌的气味，这种闻起来像泥土、陈旧封闭的气味揭示了糠醛和己醇的存在，这是纸张破裂的迹象。简而言之，书的气味，不仅带来愉悦，还讲述了它们的年龄和它们的健康状态。

2020 年在牛津大学的博德利图书馆有一个展览，后来推迟了展出，该大学数字考古研究所的团队研究了如何从古代书籍样本中提取一些气味，这些气味将被捕捉，置于配有过滤系统的密闭容器

1　顶空气相色谱法是一种提取挥发性化合物的技术，它由一个密封的圆顶组成，在其中插入目标固体，随后吹入惰性气体，以捕捉其中的气味物质。在气相色谱仪中导入气体样本后，可通过气相色谱分析得出其构成成分。

2　https://www.theguardian.com/books/2017/apr/07/the-smell-of-oldbooks-science-libraries.

中，在雾化后向空气中释放，重现于游客前。结果很有趣。在最珍贵的藏品中，有一部1217年《大宪章》（Magna Charta）的副本，它散发着新鲜面包和沙子的味道，以及一部1623年莎士比亚的《第一对开本》（First Folio），它以苯甲醛的马拉斯卡樱桃的甜味而著称，还富有2-壬烯醛和烟草的味道。[2]

旧书通常带有浓郁的香草和烟草味道，图书馆书柜也会散发出木质和皮革香调，它们具有怡人的香味，令人信服，正如印度诗人塔兰努姆·里亚兹（Tarannum Riyaz）在《旧书的气味》（The Scent of Old Book）中所写的，这些气味出奇地温和甜美，奇怪的是它们既熟悉又陌生，就像对所爱之人的回忆，盈满心房。[3]另一方面，新书的化学气味更加鲜明，刚出版时，它们闻起来有墨水和胶水的气味，但一直以来都颇受人们欢迎。

有许多人都尝试捕捉这种气味。文人与光亮（Literati & Light）是一家小型英国公司，它制作的蜡烛和家居香氛，都受经典文学中的嗅觉想象启发，包括从《呼啸山庄》到《尤利西斯》等经典文学。STEIDL壁纸出品的香水"书本之爱（Paper Passion）"同时也是一部描述书香的书，它将香水镶嵌在一本书里，尝试捕捉一本刚刚印刷出来的书的嗅觉特性。调香师格萨·舍恩尽力重现了新书所具有的气味——纸张和墨水的混合，令人兴奋。在试图捕捉书香的人中，卡尔·拉格斐（Karl Lagerfeld）声称新印书本的气味是世界上最美妙的气味。

"弗伽亚1833"出品了一款"巴别图书馆（La Biblioteca de

1　这是我们所知的第一个系列，包含其所有作品。

2　https://www.oxfordmail.co.uk/news/18391165.scientists-will-capture-scents-old-books-bodleian-exhibition/.

3　Tarannum Riyaz, The Scent of Old Books, in Indian Literature, vol. 47, n. 3 (215), maggio-giugno 2003, p. 80 (traduzione dall'urdu di Jaipal Nangia).

Babel）"香水，其灵感来自路易斯·博尔赫斯（Luis Borges）及其同名作品。这款香水复刻了一个古老图书馆的气味，里面摆满了旧皮书、雪松木书架、皮革扶手椅和一个煮着热辣饮料的壁炉。在这款香水的故事中，人们迷失自我，又重寻自我。它并不似博尔赫斯叙述中的无限图书馆，而是一个拥抱无穷的处所。

含有这种气味的其他香水

品牌	香水名称	品牌	香水名称
CB我讨厌香水	图书馆内（*In the Library*）	索斯蒂斯	图书馆（*Library*）
日用商品（Commodity）	书本（*Book*）	麦德类	七号便携文件（*No. VII Petits Papiers Nobile*）
安娜托·布莱顿	魔法书（*Grimoire*）	百瑞德	图书馆（*Bibliothèque*）
梅森·马吉拉	图书馆密语（*Whispers in the Library*）	米勒·海莉诗	空穴来风（*L'air de rien*）
佛朗西亚·戴尔	第29页（*Page 29*）		

为何受人喜爱

　　阅读是令人愉悦的时刻，而书本是一座微型天堂，人们栖身于此，体验人间的种种，这是完全放松的私人时刻，是一处美妙的私人空间。在此，一切皆有可能。

有何作用

　　书本的气味能产生让人放松的效果，让人仿佛处于轻松平和的时刻，但它还有一种令人兴奋的潜在构成，其中有好奇和求知欲，当你用手指翻过书页，似乎正在进行精神旅行，这是一种神秘的气味，而在书页中静静等待着我们的，是一个个陌生的世界。

神圣的气味

\\\ 香火 \ 仪式 \ 净化的熏香

　　教堂的气味通常是一些古老建筑的气味，混杂着轻微的霉菌和蜡烛的气味，但最重要的是熏香味，在最重要的庆典活动中，人们焚香，散发出神圣、冷峻和庄严的芬芳。这是一种优越的香气，神圣又怡人。它不像其他香水一样让你沉迷于感官的愉悦——它不会带来柔软的舒适感或包容的龙涎香调，也没有四处弥漫的充满肉欲的动物气味；它不允许你分心或沉迷于幻想，但却仿佛携着思绪向上而去，好像在强迫自己心无旁骛，除非是神的灵感降临。

　　然而，并非只有天主教的庆典活动才会如此。自古以来，没有其他物质能够如熏香一般，在宗教环境中被使用得如此广泛。无论何时何地，熏香都真正地被视为一种神圣的气味。

　　在古埃及，熏香被祭司在神圣仪式中用以驱赶邪恶，是"西腓（Kyphi）"香的主要成分之一，也是一种由精油和树脂合成的芳香族化合物；在中国古代，它被用于宗教庆典和祖先祭拜，但也作为香料和药物来使用；在巴比伦，人们通常在神圣仪式和祭祀中熏蒸圣香，在整个中东也是如此；在古希腊和古罗马，人们在神像前、祭坛上、游行和葬礼上焚香；在印度，自吠陀时期以来，焚香是许多用以疗愈的神圣仪式的一部分；佛教的和尚用这种香来净化空间；在日本，自6世纪起，人们就认为它是一种具有宗教象征意义的气味，被用于净化仪式，来保证日本武士的战无不胜，而在14世纪之后，它已经成为日本香道的主题，香道被认为是日本三大古典艺术之一，另外两种分别是致力于花艺造型的花道，以及专注茶道的"茶之汤"。

更广泛地说，在所有文化中，那些闻起来很香的香水和香精都被认为是进入神圣领域的通路，它们既可作为供品，又可被当作是一种极其细腻的物质，能够实现神灵的滋养。古埃及人认为香水是众神的汗水，它们变幻成魔法动物的形态出现在人类面前。总而言之，所有人都认为香气要比任何其他物质都更接近神灵。

在这个前提下，我们能得出一个关于本体的重要结论——好闻的气味象征着道德的纯洁，而恶臭则是罪恶和德不配位的标志。如果在基督教之前，所有的香味都与神灵相近，那么随着基督教的传播，事情变得复杂了：香气被分为合法的与非法的，前者纯粹是精神性的，而后者则使人陷于情欲，或是使人感受到来自异教的愉悦。因此，在基督教中，嗅觉可能变为三种，一是被允许的神圣气味，二是不被允许的淫荡气味，三是恶臭，标志着魔鬼与罪恶的存在。最终，道德和品行变得可以衡量——用鼻子。

基督教允许使用的香气只有耶稣在生活中接触到的那些，首先就是熏香和没药，在降生时自东方巫师那里获得，以及伯大尼的玛丽给他施用的恩膏——没药、芦荟和甘露。然而，最重要的仍然是熏香，它的烟雾可以净化并驱除邪恶的灵魂，将集会象征性地融入于一次呼吸中。那白色的烟雾盘旋着向上，是一种视觉隐喻，象征着祈求升天的祷告。

"熏香（incenso）"这个词来自拉丁文"incensum"，字面意思是"烧"，让人想起古代人在祭祀神灵期间，焚烧香油来释放香味的做法。

随着时间的推移，熏香已成为一个通用名词，表示用以燃烧的树脂，但真正的熏香，在英文中叫作"frankincense"，是一种熏香，是乳香树产生的树脂，原产于阿拉伯和非洲之角。它那神秘而复杂的气味来自其中所含的萜烯，这使其带有酸味和辛辣味，而乳香酸的异构体则使其富含樟脑和矿物气味。

17世纪的日本大诗人松尾芭蕉被认为是最伟大的俳句诗人（俳句是一种三行短句的日本诗歌形式，从埃兹拉·庞德的意象主义开始，这种诗体对西方诗歌产生了巨大影响），他将许多俳句奉献给香味，其中就包括熏香。他在1683年的俳句中写道：

熏香清洁了双耳，

现在我清楚地听到，

布谷鸟的啼鸣。

中国古话说，你需要一颗纯净的心，才能更好地品味熏香。透过熏香，这里的诗人如此彻底地净化了自己，以至能够感知杜鹃的歌啼，诗人的心灵是洁净的，他的双耳也是如此。由于翻译的缘故，我们无法体会原文中的一些细微差别，原诗采用了一种美妙的通感，日语诗句用的是"听香"，不是"闻香"，而这个动词也有"品尝"的意思。这种净化使我们的感官知觉更加敏锐，能够体察非常微妙的细小差别。

冰冷而崇高的熏香魅力一直被用于制作香水。在罗拔贝格（Robert Piguet）的"卡斯巴（Casbah）"中，强大的熏香无处不在，就像那打开的香炉，散发出当归和黑胡椒味的熏蒸，接着是一阵旋转的香风——那强烈的烟草和雪松木的焦香，还有香根草的泥土香，让这股香气变得神秘莫测、迷人至极。

含有这种气味的其他香水

品牌	香水名称	品牌	香水名称
液体创想	霞光之露 (Sancti)	陶尔之香	焚香极致 (Incense Extreme)
楚顿 (Trudon)	致命 (Mortel)	罗马之香	乳香 (Olibanum)
嗅觉实验室	黑祭司 (Sacreste)	帝国之香	瓦錾巴 (Wazamba)
阿蒂仙之香	冥府之路 (Passage d'Enfer)	米兰之香	大教堂 (Basilica)
圣安纽莉塔	黑色焚香 (Nero Incenso)	艾绰	午夜弥撒 (Messe de Minuit)
安娜托·布莱顿	魔法书 (Grimoire)	非凡制造	神圣光环 (Santo Incienso, Sillage Sacré)
巴黎乔伊	礼拜时刻 (La Liturgie des Heures)	米欧·法修尼	麻醉剂 (Narcotico)
詹姆斯·海利 (James Heeley)	焚香教堂 (Cardinal)		

为何受人喜爱

　　冰冷的熏香使人想起童年回忆和从前经常去的地方，尤其是那些庄严肃穆的场所，那里香火气四溢，散发着神秘、愉悦和纯净的气息。

有何作用

熏香的气味是如此超然冰冷，将人的神思从物欲和烦恼中抽离出来，并引导它们像白色的烟雾一样向上升腾，帮助我们从上方俯瞰这世间的俗事。这种气味让人感受到权威，一种发自内心的权威，来源于自己的精神和对自我的深刻认识。

火的气味

\\\ 燃烧的木材 \ 普罗米修斯 \ 古老而强大

壁炉、火炉、沙滩上的篝火、木质的烤箱、火柴和蜡烛——火的气味迷人而狂野，当木材燃烧产生火焰时，这种气味尤其鲜明。

在屋内用木头烧火——这种做法历史悠久，在很多乡村住宅、古代贵族住宅或建筑物中，人们常用木头取火。在那个年代，城市燃气尚未发明或未能普及。

而野火的气味是一种返祖气味，一种自古以来就伴随着人类的气味。

美洲原住民部落托赫诺奥哈姆（Tohono O'odham）的诗人奥菲莉亚·泽佩达（Ophelia Zepeda）在《我们的发中烟》（*Smoke in Our Hair*）中清楚地表明，火如何象征人的民族身份，它就像一条红绳，将祖先与后代联系起来。家族的一切都通过火的气味的记忆联结在一起。在诗歌中，火的气味并不是单纯的气味，而是一种香味，一种"甜美"的气味，能唤醒最深刻的记忆。木材燃烧的气味似乎在头发、衣服甚至皮肤上四处弥漫，在人们记忆深处休憩。而对这个部落的每个成员来说，无论在哪里，只要一闻到这种烟味，他就回家了。

燃烧透的木头不太好闻，你可能不喜欢，但是在我的小调查中排名第10位，烤肉的味道却在第22位，其中当然有肉的因素，但是火的作用也很大。因为它是一种嗅觉原型，透过当下，向我们讲述最深刻的民族记忆。对人类来说，火意味着安全——确定可以暖身，为自己和部落其他人准备的食物，它还象征着保护、舒适和庇护所。但是火也与战争、袭击和危险有关。火是非常强大和矛盾的，它一直是众神的特权。作为凡人的普罗米修斯想要偷走它作为礼物赠予人类，他受到了严厉的惩罚。正是火的这种双重性吸引着我们——谁能驾驭火，谁就能变得和它一样强大。

火，以及与之相关的一切，让我们回想起最古老的根源，还有遥远的过去，那时的人类依靠火生存。或许正因如此，我们才会虔诚地凝视着小壁炉里的火光，才会在烧烤炉前，面对这些用祖先的古老技术烹制的食物，兴奋不已。或许正因如此，我们当中的一小部分人在点燃火柴和蜡烛的奇迹之火时，似乎也点亮了自己。或许正因如此，火的气味以某种方式让我们感到自在。

与其他气味一样，它可能综合了多种气味，这很大程度上取决于它燃烧的物质，比如燃烧花园的干树叶所散发出的气味，显然与燃烧潮湿的木头所产生气味不同，燃烧纸、木炭或干木头的气味也不一样。

然后还有芳香族化合物（如苯乙酮，苯甲醇或苯甲醛）和所谓的IPA（多环芳烃），所有有机物质的不完全燃烧都会产生这些物质。尽管这些物质以其对人体的毒性而闻名，但也正是因为它们的存在，火才具有我们所熟悉的、独特的气味。例如苯并芘赋予煤炭特有的气味，菲（一种碳氢化合物）给火焰带来微弱的芳香气味，以及焦油气味中的葸。而有机物完全燃烧基本上只会产生水和二氧化碳，它们是无味的化合物。因此，我们得以感知火的气味，要归功于不完全燃烧的特征。

那么在香水中呢？这种坚韧有力的香调已被用在许多香水中。

例如，楚顿的"革命（*Revolution*）"就是一个引人入胜的嗅觉故事，它以香水的形式描述了法国大革命结束后的一天。香水中无所不有——火药和烟雾，以及烧焦的木头的味道，冲突结束之后它们仍然飘散在空气中；有房屋和街垒的木头气味，油灯的气味；硝烟中透着一股希望，这是结束，也是新的开始。

含有这种气味的其他香水

品牌	香水名称	品牌	香水名称
异者之香	邪恶的约翰 (*Wicked John*)	布雷拉6香水 (Brera 6 Perfumes)	1848! (*1848!*)
臆想作家 (Imaginary Authors)	燃烧的城市 (*A City on Fire*)	小纽约	月尘 (*Moon Dust*)
博福特	1805之雷 (*1805 Tonnerre*)	抹布拉姆 (Malbrum)	野火 (*Wildfire*)
博福特	浪子末路 (*Rake & Ruin*)	阿克米亚香氛	工业破坏 (*Industrial Sabotage*)
内奥米·古德瑟	苦行之林 (*Bois d'ascèse*)	安东尼奥·亚历山德里亚	花与火 (*Fleurs et Flammes*)
DSH之香	茶和木炭 (*Tea and Charcoal*)		

为何受人喜爱

火的气味是强烈的，闻起来有种舒适和好客的感觉，像是令人身处一个可以取暖，或许还可以进食的地方，在这里十分安全。

有何作用

这是一种充满阳气的气味，有好战的气息，颇具侵略性；它唤起一种力量感，让你感到强大无敌，随时可以准备战斗。这是一种根深蒂固的力量，来自我们的祖先，来自我们意识中最古老的部分，因此它更加坚实深刻。

过去的气味
\\\ 阁楼 \ 遗留之物 \ 往日记忆

从某种意义上说，气味永远是过去的气味。它们易逝，因此气味在当下的存在意味着过去已经发生的某件事产生的结果，但需要注意的是，它们很快将不复存在。与其他感官相比，嗅觉与无常相伴。因为气味仅仅存在于此时此地。

"过去有气味"的确只是一个比喻，但这体现在代表过去的具体事物中——是这些事物的气味变成了过去的气味。

最常见的选择是将过去与地方相联系，那里留存着它的痕迹，那些关于家庭的，关于一代代人的过往的踪迹。我们等待着明了自己的所做之事，这种等待通常是摆脱过去的一种方式，但事实上我们并未摆脱它。在诸如地窖或阁楼之类的边缘地带，那些已不再运转的、属于过去的遗留之物在此安息，逐渐形成了它们的气味——过去的气味。

在我的调查（第217页）中没有阁楼的气味，但有部分人投了酒窖一票，它与肉酱、妈妈和自己的狗的气味一起，排在第29位，对于一个储藏室来说，已经挺不错了。这种差异可能是因为地窖中存有美味的食物，又或许是因为那些维多利亚时代的梦幻阁楼在今天的房屋中已经很难找到了。

这真是令人遗憾，因为阁楼拥有绝对高贵的文学血统（有点精神分析的色彩），比如《简·爱》（Jane Eyre）中那令人不安的住客，还有隐藏在罗切斯特的宅邸——桑菲尔德庄园中的阁楼中的秘密。那里住着（剧透警告）他的第一任妻子伯莎，她因未确定的精神问题而被关在其中。这是一个具有深刻象征意义的文本，简·里斯（Jean Rhys）在《藻海无边》（Wide Sargasso Sea）中发表了她的看法。简·里斯认为阁楼是一个超出认知的空间，这位精神分析学派的文学批评家屡屡阐述这个空间的象征价值，认为它是对潜意识的隐喻；她还丰富了《简·爱》中的双重主题，书中的女主角有一半是循规蹈矩的，而另一半是疯狂地在那阁楼之上，超出我们目之所及。

甚至我们的阁楼本身都是隐喻，那里可能保存着各类戏剧性的情节，也可能存着信件、照片、衣服、玩具和被遗忘在旧箱子里的手稿，有时那里埋藏着秘密，它们打开魔盒，改变了家庭故事的结局。

在专门为出入美容院的奶奶调制的香水配方问世之后，确实有一个艺术香水品牌也应运而生——多斯比恩研究所（Très Bien Institut），该品牌的名称也由此而来。其中，该品牌生产的香水"相册（Très Russe）"的配方被记录在一本旧日记中，现在它又恢复了生产，唤醒了一段过去。

妮娜·布劳维（Nina Bouraoui）在《我的坏心思》（*Mes mauvaises pensées*）中描述了祖母的房子，妮娜在那里度过了一段童年时光，在脑海中只剩下一些记忆片段，常常是嗅觉记忆。除去奶奶的玫瑰香皂、皮革的气味和娇兰香水，还有阁楼的气味。她在那里更衣，乔装打扮，回忆着他人的生活记忆，这些文字使现在的我想起了那遥远的童年。

智利作家费尔南多·艾默里奇（Fernando Emmerich）也在《阁楼和风》（*El desvan y el viento*）里说，阁楼和行李箱闻起来像是停滞的时间——灰尘和木头、一些捆着的皮质旧卷、废旧的衣物和生活的零碎物件，它们被闲置了，还未丢弃。这是一种类似于时间的气味，对于布雷德伯里（Bradbury）来说，它闻起来像是手表，也是灰尘和人的味道——金属的，粉状的，肉体的。

香水往往与人、地点和眼花缭乱的经历有关，因此，从某种意义上说，它们总是过去的气味。

索斯蒂斯的"阁楼（*Attic*）"就是关于阁楼的气味。在这里，一个珍贵的雪松木箱子打开了，露出里面的小小宝藏——精致的衣服和床单，它们由华丽的面料织成，是古代贵族的遗迹。除了织物和木材的气味外，使用这款香水的人还能闻到轻微的霉味，但最重要的还有一股微弱的气味——一股香子兰和白檀的香味，在这气味中似乎还有一片被夹在书页中的干燥的褪色玫瑰。

含有这种气味的其他香水

品牌	香水名称
阿克米亚香氛	尘埃落定（*Dustsceawung*）

为何受人喜爱

虽然是我们将各类旧物件囤积在某些地方，但那些地方仍然可以给予我们惊喜，它们可以让那些早已被我们遗忘的记忆重见天日——物件、人和事。它源源不断地涌现出新的探索、奇迹和快乐。

有何作用

阁楼的气味让我们找回了孩提时代那勇于探索神秘、发掘奇迹的精神，当我们还是孩子时，面对那些过去的痕迹，我们总是充满好奇，总是因为能够探索这些古旧的箱子而激动不已，或许我们会有新的发现——所有宝物中的至尊之宝。

清洁的气味
\\\ 洗涤剂 \ 社会阶级 \ 体面而审慎

在最受人喜爱的气味中，有清洁的气味，比如刚洗完的衣物和清新的床单。有时它闻起来像衣物在太阳底下晒过后散发出来的馨香，有时闻起来像妈妈曾经常用的洗涤剂，有马赛肥皂或白麝香的气味。我们很难发现一种包含所有这些元素的单一气味。

然而，对于许多人来说，清洁的气味首先是一种人们特别熟悉的洗涤剂的气味。但是更明确地来说，洗涤剂的气味是一种用于洗涤的化学物质，其中添加了一些人工香料，它的成功与诸多因素相关。

极受欢迎的白麝香是人们有关清洁想象的幕后功臣。在我的调查中，白麝香排在第19位，差不多与清洁后的个人衣物气味并列，太阳下晾晒的衣物气味排在后面。它的起源非常有趣。首先，严格意义上的白麝香在自然界中并不存在：这个气味的精神形象的底色，是全然的洁白与柔软，是对于完美洗涤的希冀，其中隐藏着一个富有争议的合成分子——佳乐麝香（galaxolide），该分子于1962年由国际香精香料公司（IFF）研发并获得专利。它成本低廉，且不溶于水，并能在衣料上保持稳定长久的香味，许多跨国公司立刻将其用于洗涤剂中以增加香味。如此，我们最终不知不觉地将这种气味与清洁联系在一起，两者之间的界限就被模糊了。当然，它并不适用于所有人。我曾经读到过，有许多调香师在旅行时随身携带着用无香洗涤剂清洗过的床品，用以替换宾馆中带有香味的那些。我自己也更喜欢使用无香洗涤剂。

另外，清洁的气味被认为是一种与环境相适应的气味，是一个人在社群中被接纳的先决条件，这种条件因文化和家庭而异。例如，那些在吸烟家庭中长大的人对烟雾有与众不同的感知，那些与家中的宠物一起长大的人也是一样。

我们习惯了经常接触的气味，以至于我们几乎不再去感知它们。这是因为嗅觉感受器和人体中的许多其他感受器一样，当它们不断暴露于同一种刺激之下，就会出现饱和现象，变得不活跃，也就是说无法传递神经信号。就像我们的神经系统会消除背景噪音，使我们不再持续关注它。

由于个人经验和习得的社会习俗之间的差距，对此我们仍然无法一概而论。这个结论不仅适用于清洁的气味，也同样适用于肮脏的气味，证据就是美国中情局也无法给出臭气弹的统一配方，这种炸弹利用难闻的气味来驱散人群，在世界各地都颇有成效。例如，在欧洲，我们喜欢动物香调，或是带有动物香气的气味，它们给人感觉更加接近香氛的气味。而在美国，这种气味被认为是肮脏的，所谓的"清洁"香水比它们更受欢迎，但这对我们来说有点过于像镇静剂，其中的主角之一正是上面提到的佳乐麝香。为什么呢？我们的个人品位，显然是在我们成长环境中受到生活经历的影响而形成的。在"神圣的气味"那一节中，我回顾了广泛存在于各民族中的气味象征系统，它极其古老，时而用于熏香，时而用于净化，由此，它与肮脏和罪恶也紧密相连。接下来是干净和肮脏这一对矛盾的概念，这两者的本体论冲突在我们的日常生活中继续存在，也许我们对这个问题中的精神层面并不感兴趣，但与干净且散发着香味的人相比，我们依然倾向于认为一个肮脏发臭的人是不道德、不可靠的。

在流行病肆虐的欧洲，长期以来，人们一直认为带来瘟疫等疾病的，是恶臭的空气、瘴气或者传染者，他们品行恶劣，还散发着臭气，也许我们到现在还保留着这种观念。法国历史学家阿兰·科尔班（Alain Corbin）进行了一项关于气味的重要研究，恶臭一直是人民的"特权"，而贵族和资产阶级则不同，他们都散发着优雅的香气，或者无论如何都不会有令人不悦的气味。在19世纪，女性香水必须是精致的、轻盈的，而且最好是给手帕、信纸甚至是鞋子喷洒香水，而不是自己的身体，在街道的拐角处隐藏着香水适量和过量之间的界限，风险在于社会对过量香气的排斥。

特别是那个时期的法国文学，明显对与女性有关的气味有持续的热情：从自然主义文学开始，女性香水成为堕落的象征。那些

1　参见 Molly Birnbaum, *Season to Taste: How I Lost My Sense of Smell and Found My Way*, Portobello, London 2011。

"失足"的女人喷上乱七八糟的浓烈香水来吸引顾客，她们的卫生情况也值得怀疑，无论是严格意义上来说，还是隐喻性地说，她们都散发着臭味。也难怪某些人说，"妓女（puttana）"这个粗俗话源自古法语"put"，意为"臭的，肮脏的"，因此它的完整意思是"发臭的脏女人"，这是一个非常严重的指控，在当时的社会可被判处死刑，这在今天已成为过去的遗迹，也可作为档案永远留存。[1]

在殖民主义时代，对于发臭的指责是对被侵略的人民的狠狠剥削，它将指责的对象拉到非常低的层次，并含蓄地暗示这种臭味是道德低劣的征兆。这种指责是多么的不诚实，因为实际上每个民族都自身独特的气味，这种民族气味的形成与许多因素有关，比如营养。上述这些适用于所有人，包括高加索人，例如在日本；高加索人被称为 bata kusai，即"闻起来像黄油"。换句话说，对于那些不习惯民族气味的人来说，我们都有难闻的气味。

回到清洁的味道，为什么它对我们有如此大的影响力，以至于它甚至影响了对某人的道德判断？根据弗洛伊德的说法，自从我们开始直立行走，我们越来越不需要依靠嗅觉来生存，取而代之的是视觉。嗅觉变得渺小而微不足道——这是文明的最低要求。归根结底，正如赫尔曼·黑塞（Hermann Hesse）在小说《荒原狼》中所写的，清洁的气味是洁净、有序、舒适和体面的味道。

我之前提到过，在香水中，有一类"干净"的气味，这种气味令人安心，细腻平滑，馥郁而持久。它们的原型是凯文克莱（Calvin Klein）出品的"唯一（CK one）"，这是X世代的香水，是最早的中性商业香水之一。在它的配方中，佳乐麝香是主要成分之一。多年以来，人们总是无意识地将这种物质与洗涤联系起来，它直接唤起人们清洁的愿望，就是那种完美的清洁，似乎刚刚淋浴完毕，走出

1　DIR Dizionario italiano ragionato, D'Anna, Firenze 1988.

浴室。今天的许多香水都追寻那种清洁的气味。有些品牌甚至只专注于那种气味，比如"Clean"生产的香水，它们的名字翻译过来是"温热的棉絮""清新的床单""洗净的清新内衣""肥皂"，这些都是令人安心的洁净代表。

梵诗柯香的"无尽之水（*Acqua Universalis*）"就是一款意图重现干净感觉的香水，它以一种优雅而讲究的方式，避开惯常的清洁分子，让人想起洗涤剂。这款香水的前调是非常清新的柑橘调，还有佛手柑和柠檬等充满活力的香气，中调是白色花朵交织着麝香，复刻出一种洁净衣物的清新感，其丰富和精致的质地远远优于许多其他同类产品。

含有这种气味的其他香水

品牌	香水名称	品牌	香水名称
百瑞德	纯真年代 （*Blanche*）	零分子	咦?! （*Neh?!*）
雅诗兰黛 （Estée Lauder）	私家珍藏 （*Private Collection*）	蒙塔莱 （Montale）	白麝香 （*White Musk*）
雅诗兰黛	白麻 （*White Linen*）	米兰之香	运河 （*Naviglio*）
蓝色和平	麝香阿丽丝 （*Musc Alizé*）		

为何受人喜爱

这是一种代表秩序的气味，所有一切都在正确的位置上，追寻一种真正的不偏不倚，就像你认为的那个本该如此的世界。这种香气令人安心，是积极可靠的。

有何作用

无论是对自己还是对他人来说，这种清洁的气味都令人放心。它让人感受到一种不越界的优雅和不冒失的笃定，它就在自己的位置上，或许让人感到它很和善，与所有人都能和谐共处。这种香气没有攻击性，具有一种活跃但又审慎的存在感。

关于

于

香　　水　　的

一　　些　　话

香水是如何诞生的

香水的组成是神秘的，它们的创作也不例外。这是一个相当复杂的操作，比人们所想的要持续更长时间。

与其他创造性的活动类似，这一切都始于一种模糊的需求框架，它是一段踪迹，其中蕴含了针对某种结果的征兆，然后将这种征兆传递给调香师或是香水大师。这种框架可以是情绪化的，也可以是高度技术性的；它可以由一个句子组成，也可以横跨多页；它可以只由文字组成，或者还包含照片、视频、歌曲。

据说香奈儿5号的灵感来源于对一款女用香水的需求，带有一个女性的气味。阿玛尼的"寄情香水（*Acqua di Giò*）"应该重现了潘泰莱里亚岛的气味，这个香水的设计师在那里有一个家。迪奥的"真我（*J'adore*）"香水一定"如细高跟般性感，和托德斯（Tod's）一样舒适"。大多数香水，尤其是商业香水，有非常详细的框架，它定义了成本、预估时间和细分的目标市场，简而言之就是——少点儿诗意，多点儿营销。

在下一阶段，调香师在实验室中通过以不同比例组合成分来实现预想的需求框架，从而构建香水。我用一句话能够总结的这个过程，实际上要更加复杂，这是真正的创意阶段，因为任何创造性的

1 Chandler Burr, *The Perfect Scent: A Year Inside the Perfume Industry in Paris and New York*, Picador, New York 2007.

工作都需要理解客户的真实愿望，要根据他们的要求创作全新的香水。

　　让-克劳德·艾列纳是一位非常慷慨的调香师，在对自己职业的描述中，他描述了一个极其相似的创作过程，就我所知的写作来讲，缺乏灵感的时刻、拖延症、延迟，以及类似的事情都会对作者造成阻碍。对他来说，这个过程始于配方的起草，在开始使用具体的原材料之前，还需要几天进行调整。

　　在每一轮制作中，调香师都会详细说明其想法的不同变化，以及客户选择的嗅觉方向，通常在专家评估员的帮助下，不停地精炼制作方向。像所有受委托的创意作品一样，这个过程可能会持续很长时间，也许长达数年，但它也可以轻松地进行，只要折中所有的可能性就行。

　　一旦确定并批准了香水的最终版本，它就会被转到实际生产它的香水工厂。这不仅仅是将构成配方的精油放在一起，它有点像酿造葡萄酒和利口酒，为了使香味成熟，香精混合物需要在酒精中浸渍一定的时间，这个过程至少持续两个月。

　　香精的稀释百分比不同，香水的表述也会不同，当香精浓度最高时，我们会使用纯香水（Extrait de parfum），它的浓度在20%到40%之间；如果浓度在10%和15%，被称为浓香水（Eau de parfum）；如果浓度在5%到12%之间，则为淡香水（Eau de toilette）；最后为古龙水（Eau de Cologne），它的浓度在3%到5%之间。不言而喻的是，香精的百分比浓度与香味的持久性和成本成正比。

香水的结构

在写作或音乐中，词语或音符以精确的顺序彼此相随，而艾列纳警告说，在香水的创作中，情况并非如此。按照惯例，书写一款香水的故事就像构筑一座金字塔，也就是所谓的"嗅觉金字塔"，最上面的是最易挥发的香味，也就是前调，当香水喷到用来感受和评估香水的长条试纸上面时，或者喷在自己的皮肤上时，前调香气会立刻跃入鼻间。接下来是中调的香气，具有中等持久性，最后是尾调香气，更持久，并更具稳固性。然而，这只是一种图形化的图解。

在现实中，这些香精就像音乐编排中的不同乐器一样相互重叠，而且这三种香水类型之间的界限绝非像图解中所显示的那样泾渭分明。事实上，有些人甚至认为这是一种误导。正如艾列纳所说：无论是前调、中调或尾调，香精都"保持在一个非常小百分比浓度水平上，并影响到香水的演变。在嗅觉方面，1＋1＝3，这多出来的1仍然是可感知的"[1]。

实际上，前调的香味会或多或少地逐渐淡化，取而代之的是中调和尾调的香气。它们之间的相互作用产生了迷人而变幻多端的炼金术效果，香水可以在几个小时内以不可预测和令人惊讶的方式进行变化。

1　参见 Jean-Claude Ellena, *Perfume: The Alchemy of Scent*, Arcade Publishing, New York 2011。

感受一款香水的变化也许是香水体验中最有趣的部分。香水在肌肤上发生变化，一部分与我们自己的气味发生融合。有一些香水，乍一看似乎很浓烈，但随后就会显示出一种非常柔和的基底；起初看起来轻浮且无忧无虑的香水，反倒变得深沉多思；那些柔和无害的香水，随后变得性感而诱人。一款香水包含了其中全部的演变，就像一部要从头到尾看一遍的电影，一本需要读到最后的书籍，一首需要反复倾听的音乐。

小众香水和大众香水

从某种意义上说，小众香水行业的诞生是因为成本问题：自人类诞生以来，香水和香精都非常昂贵，因此只有国王、贵族和富人才能享用。

20世纪下半叶之后，香水市场进行了扩张，变得大众化，这得益于更大的精油供应量，其价格也更低。从那时起，香水的推出数量成倍增长，但是大多数香水的商业寿命却缩短了，这在某种程度上已经失去了其原来的奢华性和独特性。尽管它们的价格仍然比过去要高得多，但绝对比过去更容易获得。

商业香水和小众香水之间的区别不是由成本决定的，或者说，不仅仅是由成本决定的。所谓"商业"指的是为大众市场设计的香水，它们通过大规模的分销渠道进行销售，并通过主流媒体进行宣传。它们的成本通常较低，不过也并非总是如此。

小众或艺术香水是（或应该是）不受市场规则约束的，它不通过传统渠道进行广告宣传。事实上，它通常根本不进行广告宣传。小众香水的调香师享有更高的创作自由度，并且他们使用的原材料往往是非常高质量的，这就是为什么这种香水往往会更贵一点，即比商业上的同类产品要贵一些。有些人声称小众香水厂只使用天然材料，但这个说法是不准确的。毋庸置疑，有一些品牌公司采取了这种方案，如幻想之旅（Voyages Imaginaires）和普罗维登斯香水有限公司（Providence Perfume Company），但这不是它们的原始特征。

在这方面，首先应该记住：天然原料不一定是质量的代名词，除此之外，非常昂贵和精制的合成原料，也为香水提供了非同寻常的创作可能性。此外，有越来越多的天然原料不能被使用——不仅是那些早已被禁止的动物源性材料，还有容易致敏等原因。调香师的调色板是不断变化的，需要对那些最长命的香水重新制定配方，来弥补那些不能再使用的原材料。

与小众香水不同的是，最具商业性的香水是为了回应精确的市场需求，这种香水被创造出来，能够在最初的20分钟内就将自己的特色显露无遗，使那些潜在买家能迅速地决定购买。[1]

小众香水则不然，对它们来说，重要的是要跟随长达几个小时的香水演变，以便充分地了解它们。艺术香水的另一个特点是，它们以一种非常有创意的方式使用原材料，其嗅觉调色板不惧包含各种怪异、难以调制的、反浪漫的气味。在这本书中，我们会发现几乎所有的香水都属于这个类别，因为他们是那些在这个嗅觉图谱中，以最有趣和深刻的方式来发掘气味的香水。

1   参见 Jean-Claude Ellena, *Perfume: The Alchemy of Scent*. Arcade Publishing, New York 2011。

香水是一门艺术吗？

　　我们习惯于将艺术视为有形的、物质的、永存于时间中的东西，从这个角度看，香水并非如此。然而，如果我们将艺术看作在技术层面上创作一流作品的能力，让它能够与我们的灵魂深处对话，为我们的生活增添感动、美丽和财富，那么香水绝对是艺术。

　　当然，并不是所有的香水都是如此，但有些香水拥有与文学和美术杰作同等的唤起力量。

　　香水的真正缺陷，如果我们想说是缺陷的话，就在于它是一种不可视的复杂液体，更难于确定、计算和记忆：它是一种未知的旋涡，美丽而令人不安。我们可以随意重读伟大的小说，绘画和雕塑也是如此，我们还可以随心所欲地重复观看照片，照片也无须改编。音乐，虽然也是隐形且难以捉摸的，但我们可以利用可靠的媒体，基于这一点，它可以无限地重复自己。

　　香水却不是这样的，它会蒸发，会随着时间的推移而变化，无论在香水瓶的内部还是外部，它的配方都改变了。事实上，今天最古老的香水版本与过去的香水已经没有什么共同之处[1]。香水是难以捉摸的，但也许这就是为什么它更令人激动。

　　气味的世界是神秘、壮丽和虚无缥缈的，是一种略带忧郁的愉

1　在此意义上，凡尔赛嗅觉艺术馆（Osmothèque di Versailles）在保存现代嗅觉遗产方面起到了很大的推进作用，它保存并构建了香水历史上许多杰作的原始配方，其焦点更多地集中在法国香水。

悦：它让人同时有感官上的满足和对其短暂性的认知。然而，不知何故，它是一种持续的刺激，让我们留在当下，享受现在的美丽时刻。根据许多精神哲学的说法，这就是幸福的秘密。

香 水

专 家

如果说香水的世界既迷人又神秘，那么它的主人公就更是如此了。这些专业人员每天都在工作，以确保有新的美妙香水供我们享用。

因此，下面的访谈有两个目的：一方面，与那些日常从事香水工作的人进行交流，以深入了解他们对日常气味的看法，这也是本书的中心主题，同时了解他们对气味和香水之间关系的看法，这是一个在这本书的写作过程中自发出现的主题。就像我曾经怀疑的，这些采访产生了极其有趣的观察，充满了迷人和美丽的启示。

另一方面，我想邀请这些香水背后的一部分专家，让他们说话，听他们的声音。为此，我把这些问题提交给了一些最具国际知名度的意大利香水创作者。他们也是成功的品牌创始人、艺术总监和评估专家。我希望在自己的能力范围内，至少能够大致地让大家知道这个绝妙世界的复杂性。

罗伯特 · 德拉戈

罗伯特 · 德拉戈（Roberto Drago）与丹尼尔 · 卡昂（Daniela Caon）共同创立了艺术香水品牌——嗅觉实验室和塔西特香水公司（Maison Tahité），它们分别属于小众香水分销公司——卡昂有限公司（Kaon srl），以及香水生产公司——卡昂实验室（Kaon Lab）。

在你看来，香水和日常气味之间的关系是什么?

在艺术香水中，两者之间有许多非常紧密的联系，这些联系的目的是冒险，寻找新的方法。

我们拥有嗅觉记忆，这是我们体验世界的基础，在体验过程中我们会有反应。例如，如果我们感知到爽身粉的气味，可能会微笑。而在我们不喜欢的气味面前，我们会用一些微小的面部表情来表达我们的恼怒。

在把玩日常气味的小众香水中，我们可以制造一种刻意取悦他人的或实验性的气味，并创造一些新的东西，这种做法是有界限的，也有屏障。其中的风险是陷入过度概念化的陷阱，我们创造了一座有趣的气味博物馆，但它并不便于参观，我们无法随意浏览及查阅。因此，重要的是要知道如何冒险——毕竟这是小众香水的意义所在，但技巧在于如何找到正确的平衡。

在你看来，所有的气味都能成为香水吗？

从技术上讲，所有的气味都可以转化为香水，新的技术能够再现几乎所有元素的气味，甚至是非自然的元素，比如一块铁。由于有了能够捕捉气味分子并将其转化为图像的机器，化学家能够精确地分离出这些分子，并在实验室中复制这些气味。但是很显然，它们和可销售的香水并不是一回事。

如果有的话，在你绝对会为之疯狂的气味中，哪一种最难制成香水？

这是一种与食物有关的气味——培根蛋酱意大利面的气味或是一种乳酪和胡椒的气味，它们非常难以复制，同样也非常美妙。

是否有一种你特别想制成香水的气味，而你还没有意识到或找到它？

与其说它是一种气味，不如说是一组气味。有一天我应该会想复制我出生的城市——都灵，把那里的事物变成香水，我对这个城市很有感情。它们中的有些气味是相当特别的，比如说，也许是在雨后，有轨电车的轨道和车轮的气味，那是一种金属摩擦的气味。还有林荫大道的气味，它随着季节的变化而变化，在春天，那里开满繁花；在秋天的落叶时分，来往的有轨电车会碾过铁轨上覆盖着的秋叶。

你如何定义气味和香水之间的区别？

我们可以认为香水是复合物，具有复杂的配方，包含了多种元素，能带你进入一场情感的旅程，展开一次心灵飞行。气味要更直接，它也能立即把你引向某些东西，但它的作用更有限。如果我在香水的层面上来讨论，我会谈论它在创作上的优雅，因此气味还未达到这个层级。然而，如今开始出现许多这样的作品，根据香水的经典风格，这些香水与其说是香水，不如说是气味。简而言之：香水和气味的距离在某种程度上在不知不觉地缩短，而且两者的差别变得更加微小。

是什么气味改变了你的生活?

有一些气味不仅仅改变了我的生活，它们还在不同的时间里陪伴我。

我第一次真正感觉到的是我祖母手臂的气味，当我还是个孩子的时候，我曾经把头靠在上面：她穿着褶皱的围裙，我记得她皮肤的气味与爽身粉的气味混合在一起。这是在我头脑中稳固留存的第一种气味。

另一种非常清晰的气味是足球场上绿茵草的气味。我踢了很多年的球，我记得这股味道在下雨时会发生变化，就像我清楚地记得更衣室里的味道是樟脑油的气味。

我的学生时代与白糨糊的味道有关，那是一种杏仁味的胶水，但也有铅笔的味道，然后变为香水中常用的弗吉尼亚雪松的味道，而杏仁味随后变成了香豆素的气味。杏仁，这又让我想起了胶水：两者都是一种即刻的嗅觉之旅。这些气味都没有改变我的生活，但它们肯定以一种重要的方式陪伴了我的生活。

在本书收集的气味中，哪一种是你的最爱？

我喜欢其中的很多气味，但是有两种气味尤其能让我面露微笑。第一种是海洋的气味，只要想到它我就会微笑，因为它让我想起假期，那种思维放空的、自由的感觉。事实上，在这方面我们也有自己品牌的香水"盐场（*Salina*）"，这款香水与海洋的气味有关，我非常喜欢使用它，仿佛在精神上度假。第二种气味是刚烤出的面包的气味，这是一种好闻的、积极的、令人愉悦的气味。我也喜欢其他的气味，但如果论及让我微笑的，它们还无法进入我的榜单。

克里斯蒂安·卡瓦尼亚

克里斯蒂安·卡瓦尼亚（Cristian Cavagna）是香水爱好者网络社区阿德吉奥米（Adjiumi）的创建者和艺术香水品牌"克里斯蒂安·卡瓦尼亚"的创始人。

在你看来，香水和日常气味之间的关系是什么？

两者之间有一种愈加紧密的美丽关系：嗅觉越来越接近味觉，嗅觉调色板变得越来越广泛和新奇。有时，嗅觉金字塔会让人联想到一个星级餐厅厨房的菜单！所有这些变化都是因为提取方法的改进。事实证明，调香师发明气味的创造力是无限的，就像制香工厂，它们不断地生产新的嗅觉分子，这些分子都具有细微差别。

对我来说，配方中的日常气味有助于联系日常景观、环境、幻觉，使人与香味产生更紧密、友好和亲密的联结。

在你看来，所有的气味都能成为香水吗？

稍微想象一下，所有的气味都可以变为香水，这也要归功于认知中的感觉融合，如此"不可能之事"清单延长了，嗅觉调色板中的奇妙气味也变得丰富了。

事实上，有时我们会发现自己所见的嗅觉金字塔是怪异的，其中包括诸如丝绸、乙烯基、火药等气味，这些气味存在于香水中，但即使用最现代的方法，也不可能提取出来。这就是调香师的创造力和想象力发挥作用的地方，他们能够重现这些气味。当然，这些都是个人解释，因此具有一定的主观性。例如，对我来说，羊毛的气味是柔软的，像爽身粉一样，而对其他人来说，它的气味可能更加粗糙和干燥，如果所选原材料不同，重构香气的效果也将随之不同！

如果有的话，在你绝对会为之疯狂的气味中，哪一种最难制成香水？

今天，由于越来越先进的提取技术，几乎所有的气味都可以制成香水。多亏了像头脑空间（*headspace*）或丛林精华（*jungle essence*）这样的软件，你可以重现大量气味，令人难以置信。所以，对我来说，没有什么气味是真正远离香水业的。相反，在我看来，有的气味太接近香水业了，比如动物的气味，它们丰富、温暖、复杂多面，给人一种不安的感觉。作为一个调香师，我欣赏它们，但当动物的气味在香水中被夸大时，更像是激活了一个实验，而不是用于香水制作，我很难将其使用在身上。我更喜欢想象一只干净的猫咪在白色沙发上休息，而不是某个愤怒的动物在泥巴中打滚。

是否有一种你特别想制成香水的气味，而你还没有意识到或找到它？

当然，这是每当我开始把一个想法变成香水时，给自己设定的挑战——赋予生命以新生，某种史无前例的东西。我的最新香水"天国的缪斯（*Musa paradisiaca*）"就是如此，我想在其中重现帝国山峦中的气味、声音和色彩。我目前正在调制的香水也是一样，基于蛇的双重意义，将蟒蛇的概念转化为香水，也就是说它既是一种在地面上爬行的冷血动物，也是那种飘浮在空中的轻盈温暖的东西，比如羽毛围巾。

我倾向于认为香水就像照片一样，这些作品使一种感觉、一个时刻不朽，让一种前所未有的、令人惊讶的直觉永恒。

你如何定义气味和香水之间的区别？

就我而言，香水有着更优雅、更温和的内涵，它为这个世界增添了美丽。我想到了一种调香的方法，那就是以优雅、尊重和干净的态度来编写公式，筛选需要的材料，构筑嗅觉金字塔，就像一款古老的莎利曼尔（一种西普香水）。对我来说，气味要更加尖锐，有时是令人不快的，毫无疑问，它没有香水的优雅与友好。气味与香水是截然相反的，是实验性的、金属的、冷酷的、黑暗的，甚至是现代的，它的一切都在探索这样的状态是否更好。

是什么气味改变了你的生活？

在我喜爱的一部电影——弗朗索瓦·特吕弗（François Truffaut）执导的《隔墙花》（La signora della porta accanto）中，有一句我非常喜爱的台词。在电影的某个时刻，芬妮·阿尔丹（Fanny Ardant）扮演的玛蒂尔德·鲍查德（Mathilde Bauchard）说："我只听歌，因为它们说实话。歌曲越愚蠢，就越真实。"

香水中也会发生同样的事情，我可以用刚刚那句台词来做类比——改变了我的生活的，是每天穿戴的香水，它们越简单，就越真实。

歌曲就如同香水，音乐或一个香水公式的品质到最后其实没有这么重要，重要的是它所伴随着的生活，根据我们所体验的情绪，气味可能会变得极其重要，即使就像阿尔丹所说的，它们是愚蠢的。

在本书收集的气味中，哪一种是你的最爱?

我真的很喜欢香槟的味道，因为它让我想起了脂肪醛，说得明白点就是香奈儿5号里那种带有空气感的、活跃的分子，给人一种柔软轻盈的感觉，但又带着一点昔日香水的魅力，我对此表示真正的敬意。它们让我成为优雅的绅士淑女，将我包装得完美无缺——这是我所钟情时代的典型，也是一种时尚——但它仍然保留了有趣的物质性。差不多出于同样的原因，我还很喜欢它那复古口红的香味，那种带有脂粉气的，又有点膏状的味道。对我来说，这也是一种热情的、母性的、令人安心但又聪慧的化妆品气味，因为它有点像奶奶口红的香味，所以它是一个拥抱、一段回忆和一抹永不会变质的甜蜜!

斯蒂芬妮亚 · 诺比勒

斯蒂芬妮亚 · 诺比勒（Stefania Nobile）是艺术香氛品牌"诺拜1942"的艺术总监。

在你看来，香水和日常气味之间的关系是什么？

日常气味和香水之间的关系非常密切，向来是许多香水的灵感来源。如果不能用自然界中的原材料来复制生活中的气味，人们就会试图在实验室里制作。日常气味是我们生活的一部分，给予我们安全感和舒适感，了解它并在香水中识别它，即使只是凭直觉，也会给我们一种幸福感。

在你看来，所有的气味都能成为香水吗？

原则上是的。虽然说实话，出于本性，我并不想创造那种令人作呕的香水。一切都有一个限度。比起一些"挑衅"的香水，我发现某些实验更加极端。

如果有的话，在你绝对会为之疯狂的气味中，哪一种最难制成香水？

我想应该不止我一个人会这样说，在孩童时期，我非常喜欢汽油的味道。我把它与自由相联系，尽管有一些香水可以重现这种气味，但我绝不会建议这样做。

是否有一种你特别想制成香水的气味，而你还没有意识到或找到它？

我日常的工作就是这个，这是一种编织的工作，基于脑海中掠过的想法与图像来创造我们的香水。最近我想到，根据历史人物的个性和人生道路，可以把他们与特定的香味联系起来，我正在进行以此为主题的新项目。

你如何定义气味和香水之间的区别？

嗅觉让我想到客观的、定义明确的东西。在我看来，香水与感知方面的主观性领域相关。

是什么气味改变了你的生活？

雾霾的气味。我从意大利南方搬到了北部。当我开始在米兰工作时，我只有二十三岁，那时正值冬季。这是我人生中第一个重大而彻底的改变——我搬到了城外，独自生活。

在本书收集的气味中，哪一种是你的最爱？

那一定是旧书的气味。这是书本纸张的气味，也是收藏旧书的图书馆的气味。对我来说，这是一种文化的味道，为了从这个狭隘的世界中短暂地逃离，我一直在体验这种味道，将其作为一种解放自我的可能性。在这种气味中，我不仅梦想着遥远的远方和非凡的冒险，还得以在个人和职业上获得成长，从而创造成功的机会。

卢卡·马菲

卢卡·马菲（Luca Maffei）是一位调香师。

在你看来，香水和日常气味之间的关系是什么？

两者之间的关系非常密切：一般来说，它们是我们生活的两个基本方面，因为即使我们意识不到，我们也被气味所包围。想一想，嗅觉是唯一无法阻挡的感官，只要我们无法停止呼吸，就不能阻挡嗅觉。事实是我们更习惯于受到图像或声音的刺激，而不是气味的刺激。因此，我们必须学会更多地关注它们。

在调香师的职业生涯中，这种关系甚至更加密切和重要：调香师的灵感来自日常的气味，为气味而活，并试图尽可能多地收藏它们。某种程度上，这些习惯也便于在一款香水中利用或重新创造它们。

在你看来，所有的气味都能成为香水吗？

绝对可以！对一个调香师来说，真正的挑战无疑就是这个，大自然为我们提供了大量的香味和精油，我们的任务与其说是复刻自然界，不如说是将我们日常生活中的所有气味以及与之相关的情感迁移至香水中。我们对这些情感是这样熟悉，尽管它们是无形的，但它们就藏身于雨的气味、面包店的气味以及刚出炉的蛋糕气味中。

如果有的话，在你绝对会为之疯狂的气味中，哪一种最难制成香水？

我喜欢许多与香水相去甚远的气味，比如很普通的汽油的味道，我觉得这种气味非常吸引人（我知道我不是唯一有如此感受的人）；还有热的沥青被雨淋湿后，在热量温差下释放出的气味；还有船的味道，我喜欢这种味道，因为它是海风、咸味、木材和玻璃纤维的混合体，这对我来说是假期的同义词。

是否有一种你特别想制成香水的气味，而你还没有意识到或找到它？

还有很多我没能转化为香水的气味。毕竟，这是正常的，因为香水艺术是一个非常漫长的旅程，随着时间的推移，你将学会把玩各种气味并进行各类实验。在那些我还没有实现或尝试复制的气味中，有例如热金属和美元纸张的气味。然后还有那些甚至只能存在于想象中的气味，比如星星的味道。还有无数我想追踪的线索，以及许多气味，我在等待着合适的时机，把它们融进香水中。

你如何定义气味和香水之间的区别？

对我来说，气味和香氛的区别在于它们的复杂性。

气味是单纯的、鲜明的、可识别的；让我来说，它就是音符。而另一方面，当我要创作香水时，正如我一直以来所做的那样，我发现它更像一种和弦。如果我把两个不同的气味放在一起，不会创造出第三种气味，即这个过程不会产生新的气味，而是一种和弦效应。它是一种更复杂的发展，是一个故事（著名的前调、中调和尾调）。它需要所有元素（即构成它的所有气味）的和谐平衡，这些气味在某种程度上是相互补充的。

这种差异与结构和复杂性有关：单一的气味对我来说是一个用来演奏的音符，而香味则是完整的旋律。

是什么气味改变了你的生活?

实际上有两种。

一种是被称为开司米酮的合成分子，它通常被描述为开司米木，属于木质香味家族。它非常容易扩散，但也非常丰富和复杂，因为它的前调略带辛辣，有新鲜的味道；它还有柔和的花香调，但你无法将其与特定的花联系起来；它带有泥土的气味，有一点潮湿，但是极度迷人……在我看来，它令人上瘾！如果我将香水试纸放入开司米酮中，我可以持续闻它好几天，因为我就是这么喜欢这种味道，它是我在创作香水时经常尝试使用的元素之一。

然而，改变我的第二种气味与一次旅行相关，那是依兰花的香味。当我开始从事这个职业并开始在香水学校接受培训时，我碰巧去了马达加斯加旅行。在那里，有人建议我去参观依兰花酒厂，当到达那里后，我毫无疑问地为这种植物精油的气味所倾倒，我明白了，我绝对热爱我在生活中的所行之事。

在本书收集的气味中，哪一种是你的最爱?

这个游戏对我来说很有趣！如果我们从童年开始谈，我会说我最喜欢的是防晒霜的气味，因为我从小就在海边度过了很多时光，而且我一直都很喜欢大海。在旅行时，这是一个相当艰难的选择：我喜欢汽油的味道，但我也不讨厌新车的味道，因为我对发动机的世界充满热情。关于烹饪，我喜欢茶的味道，我喜欢在制香时处理这种气味，但作为我们文化一部分的面包也绝对是我的最爱之一。至于晚间时光，我选择杜松子酒，我喜欢喝这种酒，而且会把它和欧洲刺柏联系起来，这是我的另一个最爱。而关于城市的气味，我选择金属和金钱，就像我之前说的，我很喜欢复制。关于自然，我认为雨是我最喜欢的气味之一，它有一种独特的复杂性和力量。在记忆方面，我喜爱火的气味，在壁炉中观看它就已经很美了，令人昏昏欲睡，如果你还能感知和咀嚼它的气味，就会获得一种独特的体验。

玛丽亚 · 格拉齐亚 · 福纳西耶

玛丽亚 · 格拉齐亚 · 福纳西耶（Maria Grazia Fornasier）是穆耶莱特公司（Mouilllettes & co.）的创始人，并且成立了嗅觉培训学校。

在你看来，香水和日常气味之间的关系是什么？

在许多香水案例中，调香师从我们日常生活的气味中汲取灵感，选取那些最吸引人的气味进行创作。关于灵感的选择是没有限制的，在香水创作中已立足多年的"美食"趋势证明了这一点，某些食物气味能够唤起非常强烈的诱人的刺激。调香师的创造力经常给人带来意想不到的日常灵感，但这需要经过长期训练才能达到。

在你看来，所有的气味都能成为香水吗？

我不认为必须将我们周围的所有气味收集在一种香水中。毕竟，一种香水应该表达我们对美的向往，而不仅仅是一张反映现状的照片。穿戴一款粪便或薯片气味的香水有什么意义呢？

如果有的话，在你绝对会为之疯狂的气味中，哪一种最难制成香水？

我从来没有真正问过自己这个问题。我本能地意识到，我总是对人们皮肤的气味非常感兴趣，无论是好闻的，还是难闻的气味。

是否有一种你特别想制成香水的气味，而你还没有意识到或找到它？

婚礼的香气。当人们想到一位新娘，会自然地将她与橙花香味联系起来，这样的联想是受到了民间传统的启发。而我想在面纱的轻盈、花束的奔放之间寻找一种混合体，这是印刻在肌肤上的情感的气味，也是新人在这一天缔造的那个不可触碰的梦境的气味。

你如何定义气味和香水之间的区别？

在当代的思维中有一种倾向，认为气味是香水的组成部分之一。但我经常想到，一种气味应该至少和香水一样复杂，尤其当我们谈论自然气味时，因为它接受了周围元素的影响。我们需要了解各种原材料的气味是如何相互渗透，从而构成一种香水身份的。气味可以被认为是自发形成的，而香水是一种经过设计的气味的组合。

是什么气味改变了你的生活？

有许多气味让我着迷。进入香水行业是一个不断发现气味的过程，我很难一一提及。然而，在这些气味中，令我印象最深刻的是桂花。我认识很多花，有些我很喜欢，其他的则令我无动于衷，但桂花以其温柔的天鹅绒般的触感，唤起人们对杏子和麂鹿的奇特联想，令我真正地为它着迷。

在本书收集的气味中，哪一种是你的最爱？

我喜爱其中的许多气味，在所有这些中，我选择铅笔、雨、海，还有香槟和神圣的气味。我也非常喜欢咖啡的气味，即便我不怎么喝，因为我不喜欢它的味道！

埃马努埃拉 · 鲁皮

埃马努埃拉 · 鲁皮（Emanuela Rupi）是嗅觉训练学校——穆耶莱特公司（Mouillettes & co.）的校长。

在你看来，香水和日常气味之间的关系是什么？

我们所穿戴的香水是一种日常的气味。

在你看来，所有的气味都能成为香水吗？

或许是的。

如果有的话，在你绝对会为之疯狂的气味中，哪一种最难制成香水？

我住在帕尔马省的乡下，在春天的早晨，有时会在空气中闻到大海的气味。

是否有一种你特别想制成香水的气味，而你还没有意识到或找到它？

紫藤花的气味。

你如何定义气味和香水之间的区别?

没有区别。

是什么气味改变了你的生活?

我爷爷的花露水香气，带我进入了香水的迷人宇宙。

在本书收集的气味中，哪一种是你的最爱?

在所有的气味中，我喜欢防晒霜、海、面包、口红、城市、雪和火的气味。

亚历山德罗·布伦

亚历山德罗·布伦（Alessandro Brun）是艺术香水品牌"米兰面具"和"米兰之香"的合作创始人与艺术总监。

在你看来，香水和日常气味之间的关系是什么？

在传统意义上，香水与日常气味相关，尽管这一点在现代的配方中也许已经有些许的丢失，特别是在商业委托中，这种相关性往往是抽象的，不过还是带有一些并不特别明显的指向性。

2020年，在疫情高峰期，我的公司接管了"米格奈（Migone & C.）"品牌，旨在重新启动这个品牌的香水系列，该香水工厂于1778年在米兰成立，不幸的是，它在20世纪50年代前后关闭了。

在仔细重建公司的历史档案时，我们意识到在那个"美好年代"，最时髦的香水是对生活经验的嗅觉体现，从"赛马会（Jockey Club）"到"干草"，前者再现了在伦敦南部的暮春，再现了爱普生赛马场周围的山丘的气味，后者则通过使用香豆素（一种工业化合成的分子，但大量存在于干草中），形成了生动的乡土气息。

在我们的旗舰品牌米兰面具的"歌剧系列（Opera Collection）"中，每款香水都代表着一种气味景观、一幅嗅觉全景，比如"特拉尔巴（Terralba）"代表了撒丁海岸的地中海丛林，再比如"基督山之夜（Montecristo）"，它复刻了托斯卡纳乡村的一个古老农舍的气味。

最近推出的品牌米兰之香的灵感来自我的城市的气味，在这种情况下，品牌概念是"场所精神（*Genius loci*）"，即"米兰精神"，它出现于米兰的各处地标性场所中，如米兰大运河，圣安布罗焦教堂，圣西罗的跑道。如果斯卡拉大剧院的幕布、布雷拉画廊的画作和维托里奥·埃马努埃莱画廊的大理石可以说话，它们会有多少个故事来道予世人？

在你看来，所有的气味都能成为香水吗？

当然是的。但这显然需要一位出色调香师的才能，要能够使用嗅觉"器官"可用的原材料，以可信的方式重构气味（在遵守规章限定的条件下）。

比如法国著名调香师让·克劳德·艾列纳在他的传记中回忆说，他的儿子向他提出挑战，要求他重现脏袜子的味道。在我们的创作中，"失落的爱丽丝（*Lost Alice*）"利用了《爱丽丝梦游仙境》（格雷伯爵茶和胡萝卜蛋糕）中的"茶话会"气味。"等待（*L'Attesa*）"使用了香槟的酒香，"玛德莱娜（*Madeleine*）"使用了美味的勃朗峰蛋糕气味（栗子奶油和生奶油）。

如果有的话，在你绝对会为之疯狂的气味中，哪一种最难制成香水？

在夏天的短暂阵雨后，潮湿水泥散发出的气味。当我雨后长跑时，有很多泥水溅上来，但我从不停歇，而是继续跑步，感受周遭环境的气味。

是否有一种你特别想制成香水的气味，而你还没有意识到或找到它？

还是它——在夏天的短暂阵雨后，潮湿水泥散发出的气味。

你如何定义气味和香水之间的区别？

这就好比噪音（或声音）和音乐之间也同样存在差异，需要一种艺术直觉将一系列声音按照正确的顺序组合在一起，从而营造出悦耳的旋律。

我们会通过与调香师密切合作来开发香氛，这个过程中我们了解到并非所有的香调都能够和谐地混合。我们需要大量的经验和无限的耐心，来尝试无数的组合方式，并继续推进那些效果良好的气味组合。

是什么气味改变了你的生活？

如果回顾我的两个"天职"——教书和劳作，这是在体力劳动的意义上（也就是手工业）产生了两种代表我童年回忆的气味，它们无疑影响了我成年后的选择。

削尖的铅笔的气味代表着我的"智力"维度。每当我闻到这种弗吉尼亚雪松精油时，我的思绪又回到了学校。

我的父亲是一位手工艺人，一位吹玻璃的工匠，他的工作室的气味就是一种劳作的气味，那是许多手工作坊、工厂、仓库的气味，我的梦想就在那里成形。

在本书收集的气味中，哪一种是你的最爱？

在我最喜欢的气味中，肯定有铅笔的味道。我也很喜欢许多国家中大城市的石油气味，特别是在三十多年前的苏联，那里的气味与我们欧洲燃料的气味不同，更加辛辣和刺鼻。

我也喜欢雨和旧书的味道。最后，还有霓虹灯的气味，如果真的有这样一种气味的话，我们已经尝试在"时代广场（*Times Square*）"中表现它。

安东尼奥 · 亚历山德里亚

安东尼奥 · 亚历山德里亚（Antonio Alessandria）是独立调香师和香水销售商，是艺术香水品牌安东尼奥 · 亚历山德里亚香水（Antonio Alessandria Parfums.）的创始人。

在你看来，香水和日常气味之间的关系是什么？

每日的生活启发了许多出人意料的气味组合，使人理解了一些看似不可能的香水气味的模仿。我认为日常生活在创意层面为我们揭示并提供了建议。然后，我们不要忘记，气味在如今的每一天都会渗入日常使用的物品、工具和材料中。因此我认为这种关系是持续的、相互的。

在你看来，所有的气味都能成为香水吗？

对我来说，香水是一门炼金术，通常情况下，我们使用的原材料是粗暴的，甚至是令人不愉快的，所以调香师的任务就是升华它们，有时甚至以潜移默化的方式，让它们在气味组合中发挥作用。一位香水创作者的能力在于能够在创作中的所有元素之间找到一个平衡点，让每一个元素都有自己的声音，可以成为和声结构或旋律线条的一部分，也可以让某个元素作为支撑和背景，或者作为主人公。

如果有的话，在你绝对会为之疯狂的气味中，哪一种最难制成香水？

矛盾的是，一些不愉快的气味可以发挥重要作用，使气味组合变得迷人。因此，即使是那些看起来与香水相差甚远的气味也可以变得非常有趣。我非常喜欢的一种气味，是在燃放烟花后人们闻到的气味——一种硫黄味，略带烟熏、辛辣和矿物的气味，就像西西里岛夏季的那些炽热的石块。但我也记得我小时候的奇怪感觉，当我在乡下时，从远处闻到的一些小动物尸体的气味，我立刻想呕吐，并尝试通过使劲捂鼻子来消除这种味道。但随后我会强迫自己短暂地吸入它，透过我的手，这种气味揭示了其他令人不安的方面——它是甜的，具有说服力和神秘感。也许是因为它带着生与死的奥秘？

是否有一种你特别想制成香水的气味，而你还没有意识到或找到它？

新冠疫情的流行很大程度上影响了嗅觉，这不仅是因为其最常见的症状之一是无嗅症，口罩的长期使用也影响了鼻子的感知能力。在出差期间，口罩当然是我不可分割的伙伴，但当我晚上回到家时，摘下口罩是一个解放时刻：能够用鼻子自由呼吸，让我产生了一种难以置信的、不可言喻的自由感。在那些时刻，我问自己，什么气味可以代表感知生命的自由，就只是通过简单的呼吸，而我也无法给自己一个满意的答案。因此这个可能是一条有趣的线索。

你如何定义气味和香水之间的区别?

在语言中, 这两个名词在很多场合下经常被无差别地使用[1], 但在其他场合中, 它们之间不能相互取代。对我来说, 气味是存在于自然界的某种东西, 而香水则带有创造的概念, 在其构思过程中也有人的意志。

是什么气味改变了你的生活?

简单来说, 我认为是热情的气味。香水改变了我的生活, 或者应该说我为香水改变了自己的生活。然而这种改变源于我在探索这个世界的过程中所经历的诱惑和由此引发的热情。如果要我确定这种诱惑具体发生在哪个时刻, 我会说改变我生活的气味是木柴燃烧的气味, 从一支法国著名品牌的蜡烛火焰发展而来。

在本书收集的气味中, 哪一种是你的最爱?

我喜欢的一些气味与童年记忆有关, 类似铅笔的气味。在我家附近, 有一家文具店, 这是一个非常私人的地方, 在大门里面几乎是一个被施了魔法的地方。在入口处, 迎接你的是笔记本和铅笔的味道, 这是一种干燥的木质味道, 但同时也很舒适, 让人感觉很舒服。

巧克力的味道也把我带回了从前那些年, 当时我父亲在费列罗

1　气味的意大利语是 odore, 香水的意大利语是 profumo, 后者还可表示香味、气味。——译者注

公司工作，家里总是有一个大碗装着巧克力，碗里总是散发出一种美味的气息。气味已经预示了味道的美好，你一走近就会被它所包围。

沥青的气味把我带回到青春期，带回到西西里岛的夏天。那时我正骑着摩托车，柏油路面散发着自由的味道，有迎面吹来的风，也有路面因炙热而蒸出的味道。

另外，威士忌是一个成年人的爱好，我特别喜欢用它来调制鸡尾酒，因为它不太像杜松子酒或伏特加那样单调。威士忌的层次非常丰富，经常有皮革和泥炭的味道，对我来说非常亲切。我还喜欢给它加一点苦味，作为我喝鸡尾酒时的一种回味。

我也喜欢城市的气味，如果说今天城市气味的内涵不那么强烈，那么，当多年前人们较少旅行的时候，能更清楚地感知不同城市气味的多样性，这取决于城市的绿化规模、商业类型和地方烹饪种类。

然后还有雨的气味。在秋冬，这是我最喜欢的令人舒适的气味之一。在儿时，雨的气味就意味着返校，重新见到同学和朋友，因此它经常代表着回归到某一种生活节奏。

最后，我还想加入另外两种气味：70年代国家铁路火车的气味和地铁的气味。

埃尔马诺 · 皮科

埃尔马诺 · 皮科（Ermano Picco）是香水专家、香水史学家和香水评估员。

在你看来，香水和日常气味之间的关系是什么？

香水让日常生活变得不再平凡。一种精心挑选过的香水能够影响我们的情绪，让我们沉浸于一种对气味的全然体验，它一直陪伴着我们，这种好闻的气味扩散开来，有时还能驱除那些难闻的气味。如果是那些怡人的日常气味，它们能够为香水提供灵感。在此意义上，日常气味就成了一种中介，让人们熟悉香水的气味，并回想起心中那些积极的感觉。想一想割草后的气味，或是老式的防晒霜，这些类似的气味一直被调香师当作"充满愉悦感"的香调用于香水中。

在你看来，所有的气味都能成为香水吗？

这是有可能的，但这是香水艺术上的理想境界。在鼻间感受一瞬间的气味是一回事，而计划把一种气味穿戴在身上好几个小时又是另一回事。我喜欢把这比作是小号的声音：它可能是愉快而响亮的，但把它当作警报连续听几个小时就不是一回事了。因此，气味有时只适合暗示，就像一种幻觉一样存在于香味的演变中。例如，一堵潮湿发霉的墙壁在现实中可能并不好闻，但却可以成为一种甜美和忧郁的暗示，因为它那玫瑰味的香气中含有土溴素和广藿香。

如果有的话，在你绝对会为之疯狂的气味中，哪一种最难制成香水？

白板使用的记号笔——二甲苯/甲苯的气味。它有一种近似树脂般的酒精味，还有令人上瘾的麝香味。

是否有一种你特别想制成香水的气味，而你还没有意识到或找到它？

那是多年前在春天的托斯卡纳乡村进行的一次摩托车旅行。刚刚下过雨，空气中满是柏树的气味，路边有开满花的槐树和鸢尾，还有咆哮的引擎，在山峦间起伏……

你如何定义气味和香水之间的区别？

这种区别实际上是自然与艺术之间的区别。让我们想想随机的噪音和音乐，或者随意的文字和诗歌……这种区别可以适用于所有艺术，包括香水。

是什么气味改变了你的生活？

总的来说，我认为是与乡村有关的气味。在我的成长过程中，我经常去我爷爷奶奶的牛奶场玩耍，在那里度过我的下午，牛奶场周围都是牲畜，我从一个干草垛跳到另一个，有时会跌下来，面朝下地摔进饲料中。我相信，这些像利加布（Antonio Ligabue）的绘画颜色一样鲜活而残酷的气味，是由我逐渐发展的感性与想象而确立的。回首往事，它们是真正属于我自己的精神世界，直到多年后，我才能够重新把握其中的词语、分子和香气。

在本书收集的气味中，哪一种是你的最爱？

　　干草的气味。它在未经训练的调香师看来可能是平庸的，但它有非常丰富的层次，从烟草到蜂蜜，从鲜花到更多人性化的、发酵的细微香气，比如某些奶酪，最后是烟熏的气味。

米欧·法修尼

米欧·法修尼（Meo Fusciuni）是独立调香师和香水创作者，也是同名艺术香水品牌——Meo Fusciuni Parfum 的创始人。

在你看来，香水和日常气味之间的关系是什么？

制香业试图将日常气味的精华封存于香水中。我们之间的共通点其实就是一种集体记忆，我们试图让穿戴香水的人进入这种记忆中，体会这股特定的气味，在精神上感到平和与安全。面包店、太阳下晾晒着的衣服、干净的皮肤，还有在海边度过的日子，这些都是我们生活中的气味。与此相反的是，还有人利用日常气味来制造一种惊悚的嗅觉感受、一种戏剧化的气味。在我的行走过程中，这两条道路我都曾经尝试过，是灵魂在说话，而你的生活在你的道路上处处留痕。这苦乐存在于日常生活中，也存于这门需要用心经营的技艺中。

在你看来，所有的气味都能成为香水吗？

调香师想象中的每一种气味都可以变成香水。古代的盖伦医学支持者认为，毒药是按剂量来调配的，我坚持遵守这个戒律，每当一种极端的气味呼唤我时，我就会用心思考调配的最佳剂量，以便提取这种气味的美丽和芬芳。我和原材料之间的关系非常紧密，你所闻到的气味也是如此。在街上，在市场上，在一个长时间封闭的地方，在那些旅途中，这些气味让你了解彼此，接下来会发生什么取决于你的敏感度和经验。在香水中融入这些气味并不总是那么容易，你绝不能忽视情感，它是联系日常气味与身上穿戴的香水的关键。

如果有的话，在你绝对会为之疯狂的气味中，哪一种最难制成香水？

在我的工作室里，我创建了一个档案，除了我每天使用的原材料，我还收集气味，这是我嗅觉体验的一部分。它们首先是我旅行记忆中的一部分。其中有一种我特别喜欢的气味，但我认为它非常难利用。这是一种阳光下的藻类，或是河流湖泊中藻类的气味。比如藻类浸渍后产生的墨角藻（Fucus vesiculosus，又称海橡木）的气味。每隔一段时间，当我遇到她[1]，我深深地倾听，一边感受其中的细微差别，一边幻想着。在面对一种未知的最深处时，每一天，好奇心都不曾停歇。

是否有一种你特别想制成香水的气味，而你还没有意识到或找到它？

有一天，我希望能够通过一款香水来讲述我与自然的亲密关系，那种我在聆听大自然时感到的亲密。在我的许多作品中，你能感受到这种强烈的联系，但我还未能找到这种联系从何处来。我的旅程仍然是一个研究之旅，是在嗅觉记忆中、在情感中、在生活中的旅行。我希望在我的内心深处永远找不到这个源头，而是让它成

---

1 指藻类的气味。——译者注

为我心中的一个愿望。这是一种只有心灵才能闻到的气味，但人类艺术无法翻译。

你如何定义气味和香水之间的区别？

我一直将气味定义为生命，将香水定义为人类艺术。在我的工作中，气味与我的存在之间有着紧密联系：日常生活、欢乐、痛苦，记忆与遗忘，亲密与疏远。香水能够向他人讲述、翻译你的话语、情感，甚至有点过于私密了。如果我试着回头想想过去，我会发现在自己和气味之间存在一种强烈的联系，它是我的历史记忆和我们收集的香气中的一部分。两者之间的区别是存在的，但对于专业调香师来说，这是一条极窄的道路，用来行走和生活。

是什么气味改变了你的生活？

我从小就意识到，我的生活将会永远改变，我就坚持记住一切可以记住的感觉。然而，随着时间的推移，照片褪色，亲人们的面庞逐渐衰老，某些歌曲的声音已不合时宜。在那些年里，我不知不觉地开始变成调香师，将我的灵魂和生活都与大自然绑在一起，等待一切都过去，只留下气味：母亲的衣服、她保存的熏香、人们参加的宗教游行、怀揣着的希望，还有祖母花园里种着的一棵大无花果树。当我再次闻到闭门已久的老房子的味道时，我明白了我工作的真正意义。

在本书收集的气味中，哪一种是你的最爱？

我喜欢许多种气味——铅笔、墨水、泥土、雨水、茶、酒、烟的气味，还有城市、动物、书籍和过去的气味。这些气味中每一种都讲述了我的生活、我最重要的经历，还有那些在我的旅途中具有决定性意义的时刻，它们深深镌刻在我的记忆中。

迪莱塔·托纳托

迪莱塔·托纳托（Diletta Tonatto）是艺术香水品牌托纳托香水（*Tonatto Profumi*）的常务董事和调香师。

在你看来，香水和日常气味之间的关系是什么？

香水业正越来越多地试图将自己置于生活经验中，置于熟悉的环境中，以此来激发买家的兴趣。为此，它必须讲另一种语言，即经验的语言，在这种语言中我们经常与气味相遇。

在你看来，所有的气味都能成为香水吗？

正如我前面提到的，在气味和香水间的辩证关系中，其他机制变得越来越重要，如主观性、熟悉性和语义。我认为香水是一种蕴含着幸福与和谐的美学过程，因此，它是理性和感性之间的包容性地带。我喜欢实验，在我的创作过程中，我不给自己设定这些限制，我思考象征意义，思考我想要在创作的香水中传达些什么。因此，如果我需要加入洋葱的气味，我就会把它放进去，就像我制作牡丹洋葱味的护手霜那样！

如果有的话，在你绝对会为之疯狂的气味中，哪一种最难制成香水？

我儿子的气味。

是否有一种你特别想制成香水的气味，而你还没有意识到或找到它？

就是那种联结的气味，能够令人感受到自己在与他人和集体进行交流。这种气味最好能摆脱原材料的挥发性，以沉香、麝香或木质香为前调，最后以清新的柑橘调结尾。

你如何定义气味和香水之间的区别？

对于各种解释，我是这样看的：香气 "*profumo*" 这个词的词源就已经给了我们提示，在 "*perfumum*" [1] 中，"per" 就是区别，意思是 "通过"，就如同在说某件即将发生的事，这是一种转化、一种升华。气味是一种独立于人的存在，它是必需的，但还不够。

是什么气味改变了你的生活？

我曾经对两种气味很反感——白花和树脂，它们最能表达女性特征。我说 "曾经" 是因为现在我不再反感了，我在自己身上体验到了气味在心理层面上的意义。我现在是否喜欢它们，这并不重要，因为存在本身能够理解我为何会反感。这使我对这两种气味有了不同的认识，我研究它们，甚至欣赏它们。这就是为什么，我总

1　profumo 对应的拉丁语，意为香气。

是建议我的客户尝试理解他们为何会讨厌一种气味，这样可以更好地认识自我，也许还能活得更好一些！

在本书收集的气味中，哪一种是你的最爱？

我喜欢的气味不止一种，而是有许多：大地、海、米、酒、金属、雨和书的气味。

致   谢

本书的诞生得益于许多人的帮助，我在此向他们表示感谢。

首先感谢玛利埃拉·西蒙内利（Mariella Simonelli），她是我香水研究道路上的朋友与导师：如果没有你，这本书无法完成。

同样非常感谢法布里齐奥·杰尔米尼（Fabrizio Gelmini），他是我的朋友，非常幸运地，他同时也是科学顾问、香水专家和精油生产商，他是我化学研究道路上的指引人：衷心感谢你解决了我提出的所有疑问！

感谢埃尔马诺·皮科（Ermano Picco）为我提供所有关于香水的故事和建议：我都不想结束这本书，因为我还想听你说上几个小时！

感谢日本近现代文学专家和译者康斯坦丁·佩斯（Costantino Pes），感谢你所有的建议，以及在芭蕉俳句方面的帮助。

感谢卢卡·阿尔贝戈尼（Luca Albergoni）和米凯拉·塞基（Michela Sechi）：或许你们不知道，这两位在我的写作两次陷入困境之时，向我建议了出路。

感谢西尔维亚·博纳尔多（Silvia Bonaldo）和我分享她在皮革和鞣革方面的专业知识。

感谢保拉·斯卡尔索（Paola Scarso）与我分享她在香水领域的广博知识。

感谢克里斯蒂娜·维拉蒂（Cristina Verratti）和阿德里亚诺·圭泽蒂（Adriano Guizzetti）让我参与他们的"冰雪奇缘"。

感谢亚历山德拉·迈乐（Alessandra Mele）和伊莎贝拉·特尔米斯（Isabella Thermes）向我讲述他们对于马术的热情。

感谢亚历山大·波亚尼（Alexandra Pogliani）与我讨论国家与金钱的关系。

同样感谢大卫·萨尔多（Davide Sardo）与特里先生一同支持我，即便他没做什么，但我知道他也会乐于尝试其中的一些事。

感谢贝尼尼奥·卡萨莱（Benigno Casale）和我一起谈论红酒，并给出文献建议。

感谢马可·克兰托尼（Marco Colantuoni），那天他打开一瓶阿坎波拉（Acampora）的"麝香（Musc）"，仿佛打开了一个世界，而不只是一小瓶香水。

特别感谢我的朋友克里斯蒂安·卡瓦尼亚，他不仅提供了所有宝贵的建议，而且还创造了阿德吉奥米——这个美妙的香水爱好者网络社区，感谢所有阿德吉奥米粉丝们慷慨地回答了关于他们最喜欢的气味的调查：你们是一个清新而芬芳的绿洲！

还要特别感谢另一个美丽的网络社区——社交纽客（Socialgnock），感谢你们热情地对我的气味小调查作出回应，我很荣幸能成为你们中的一员。

再次万分感谢愿意和我分享自己喜爱气味的、所有线上或线下的朋友，我非常荣幸能将自己的研究和你们的喜好进行对比。

衷心感谢安东尼奥·亚历山德里亚、亚历山德罗·布伦、罗伯特·德拉戈、玛丽亚·格拉齐亚·福纳西耶、米欧·法修尼、卢卡·马菲、斯蒂芬妮亚·诺比勒、埃马努埃拉·鲁皮、迪莱塔·托纳托，再次感谢克里斯蒂安和埃尔马诺，感谢你们参与我的采访，这是我的荣幸，我非常高兴能够倾听你们对于香水的见解。

还要感谢我的家人，感谢我的皮娜阿姨，多年前在我的成长道路上为我打开香水魔法的大门；感谢我的妈妈，让我在记忆中留下了"鸦片香水（*Opium*）"的完美配方；感谢我的米兰家庭，尤其是玛丽亚·罗莎，我非常喜欢和她分享我对于香水艺术的热爱。

最后，感谢马西莫，你是和我一起分担生活、分享香水的绝妙伙伴。

调

查

结

果

最受喜爱的气味

在这本书的写作过程中，我意识到还没有意大利版的最受喜爱气味排行榜，而英国版或美国版的就很容易找到。

起初，出于好奇，我开始询问朋友、熟人以及社交联系人——哪些是他们喜爱的气味，主要是为了与外国的数据做比较，我合理地假设，我们并不是那么地喜欢培根的气味。我并未限制参与者能够给出的答案数量（有人只回答了一种，有人回答了十种）。最后有将近400人回答，他们帮我了解了在意大利最受欢迎的气味。以下是调查结果。

排名	气味	人数
1	刚出炉的热面包的气味	81
2	海洋的气味（咸味的空气，海洋的气味）	69
3	雨水的气味（雨后的泥土和空气）	62
4	咖啡的气味	50
5	茉莉的气味	45
6	薰衣草的气味	44
7	割草后的气味	37
8	正在烘焙中或是刚出炉的甜点的气味	34
9	汽油的气味	33
10	木材在炉中燃烧的气味	29
11	香草的气味	27
12	新书的气味（刚打开时的气味，书店的气味）	25
12	玫瑰的气味	25
13	爽身粉的气味	21
14	柑橘的气味	20
15	橙花的气味（香橙花、橙花精油）	19
16	柠檬的气味	18
17	罗勒的气味	17
17	树林的气味	17
18	肉桂的气味	16

排名	气味	人数
19	干净衣物的气味（刚换过的床单，干净的衣物）	15
	比萨的气味	15
	白麝香的气味	15
	木材的气味	15
20	晾晒在太阳下的衣物的气味	14
	薄荷的气味	14
	湿润泥土的气味	14
	皮革的气味	14
21	苹果派的气味（苹果和肉桂）	13
	新生儿的气味	13
22	烤肉的气味	12
	现磨咖啡或咖啡粉的气味	12
23	柠檬树的气味	11
	檀香木的气味	11
24	清洁的气味	10
	小苍兰的气味	10
	白糨糊的气味	10
	椴木的气味	10
	普通书籍的气味	10
	干草的气味	10

排名	气味	人数
24	地中海丛林的气味	10
25	迷迭香的气味	9
	巧克力的气味	9
	松林的气味	9
	树脂的气味	9
	白雪的气味	9
	伴侣的气味	9
	自己孩子的气味	9
26	旧书的气味	8
	皮肤上阳光的气味	8
	油煎杂蔬的气味	8
	无花果的气味	8
	牛至的气味	8
	橙子的气味	8
27	山的气味	7
	含羞草的气味	7
28	香火的气味	6
	玉兰的气味	6
	雨水落在水泥上的气味	6
29	溶剂的气味	5

排名	气味	人数
29	宠物狗的气味	5
	彩色卡片的气味	5
	紫罗兰的气味	5
	春天的气味	5
	铃兰的气味	5
	酒窖的气味	5
	糕点的气味	5
	意式肉酱的气味	5
	橘子的气味	5
	妈妈的气味	5
30	蜡菊的气味	4
	记号笔的气味	4
	晚香玉的气味	4
	油漆的气味	4
	性爱的气味	4
	宠物猫的气味	4
	栀子的气味	4
	芒果的气味	4
	鸡蛋花的气味	4
	椰子的气味	4

排名	气味	人数
30	胶水的气味	4
	染色的气味	4
	雾的气味	4
	香料的气味	4
	冷杉的气味	4
	口红的气味	4

注释：此表中调查结果少于 4 人的气味已省略。

词　　汇

表

调协（Accordo）：

这是一种或者两种香味的结合，能够产生一种新的气味，其效果远超简单的相加。

醛（Aldeide）：

这是一种锋利的、具有金属气味的合成分子，为复合花香带来闪闪发光的明亮感。

琥珀香（Ambra）：

人们看到这个词一般会想到琥珀化石，常常将两者混淆，但琥珀化石没有气味。事实上此处指的是一种基香，以劳丹脂、安息香、香兰素或香草的气味为基底。它的诞生原本是为了模仿龙涎香。

龙涎香（Ambra grigia）：

这是一种丰富而华美的原料，历史上长期被用于香水的制作，是抹香鲸的一种自发分泌物，并在大海和阳光的作用下进行自然精炼。因其极高的价值，它被称为灰金。今天已经很难找到，因而被降龙涎香醚（ambroxan/ambrox）所取代。

动物香（Alimalico）：

指一种化合物或具体物质，其散发出的气味让人想起动物。如果量多，就不好闻，少量动物香能使香气变得厚重。

纯香（Assoluta）：

通过乙醇和树脂处理提纯得到的一种物质，这种提纯是处理原材料的方式之一。

脂香（Balsamico）：

这是一种温暖包容的香气，例如龙涎香调、安息香、秘鲁香脂和托卢香脂。

芳香（Bouquet）：

花香的总称，延伸后，也可指香调的通称。

西普香水（Chypre）：

它是一种主要的香水类型，与香粉无关，而是与塞浦路斯相关，它的诞生归功于弗朗西斯·科蒂（François Coty, 1917）的 "塞浦路斯（*Chypre*）"，这款香水的灵感来自岛上的嗅觉景观，它将栎树的麝香、劳丹脂与广藿香、玫瑰、茉莉和佛手柑结合在一起。

香粉调（Cipriato）：

富有香粉的气味，具有滑石粉的性质，闻起来像细腻的粉末。

香水创造师（Creatore di fragranze）：

调香师的同义词。

凝香体（Concreta）：

由从某些植物原材料中提取出的气味分子构成的固体或半固体物质。

香豆素（Cumarina）：

这是一种合成原料，带有杏仁香味，甜美温暖，具有典型的干草气味。

后调（Drydown）：

这是香水散发气味的最后阶段，它更加浓郁持久，而前调和中调在此时已接近完全挥发。

古龙水（Eau de Cologne）：

这是一种非常清淡的香水，其香精浓度从3%到5%不等，持久性较弱。

浓香水（Eau de parfum）：

这种香水的香精浓度在10%到15%之间，比上文的香水类型更加浓郁，并且能产生一种更加强烈的尾调。

淡香水（Eau de toilette）：

这种香水的持久性适中，其香精浓度在5%到12%之间。

草本香调（Erbaceo）：

这是一种具有草本特点的香调或化合物，使人想起刚刚割过的青草。

柑橘香（Esperidato）：

agrumato（意为柑橘类）的近义词。

纯香水（Extrait de parfum）：

这是浓度最高的一种香水，其香精浓度在15%到20%到30%到40%之间，持久力极强。

嗅觉家族（Famiglia olfattiva）：

这是根据使用的原材料所列的香水分类。这种香水分类有许多种，一般来说人们采用法国调香师协会（la Société Française des Parfumeurs）在1990年列出的七种——柑橘香（Esperidate）、花香（Floreali）、馥奇香（Fougère）、西普香（Chypre）、木质香（Legni）、东方香（Orientali）、皮革香（Cuoio）。

美食香（Gourmand）：

指代能让人想起甜点或糕点制作的香调或化合物。

头脑空间（Headspace）：

意大利语叫作"Spazio di testa"，这是一种提取挥发性化合物的技术，它由一个密封的圆顶组成，在其中插入目标固体，随后吹入惰性气体，以捕捉其中的气味物质。在气相色谱仪中导入气体样本后，可通过气相色谱分析得出其构成成分。

牲畜香（Indolico）：

这是一种具有动物和粪便气味的气味或嗅觉特质，接近肮脏的感觉，但是少量加入可以使香水更加性感。

丛林精华（Jungle essence）：

这是一种从原材料中提取的专有技术。

精华（Jus）：

这是一个法国术语，指代那些溶于酒精的香水，是香水的近义词。

试香卡（Mouillette）：

这是一种具有吸收能力的长条试纸，人们在上面喷洒香水后，可以不受干扰地品闻评估。

调香师（Naso）：

创造并调制香水的职业人士，香水的缔造者。

香调（Nota）：

构成香水的嗅觉元素。

中调（Note di cuore）：

当香水的前调开始消散时，人们闻到的中间香调。

尾调（Note di fondo）：

这是最持久的香调，人们可以清晰地在香水挥发的末尾阶段闻到它，此时前调和中调已经十分微弱，甚至已经闻不到。

前调（Note di testa）：

这是鼻子最先闻到的气味，最轻盈，也最具挥发性。

精油（Olio essenziale）：

这是一种芳香原料，以不同方式从许多植物中获得，如树枝、树皮、叶子、花、根、皮，人们通常压榨柑橘类水果和蒸馏大多数植物以获得精油。

香水库（Organo del profumo）：

调香师所用的一组气味物质，也是他的工作库，一个职业调香师的香水库能够包含数千种配料。

东方香（Orientale）：

这是具有东方气味家族特征的香调和化合物，层次丰富、脂香浓郁，富有香料气味。

沉香（Oud）：

这是一种珍贵的树脂，色深，富有芳香，在沉香树感染寄生虫后产生，几千年以来为世界各地的古老文明使用。因其高昂的成本和稀有性，它被称为香水中的乌金。

苦橙叶（Petit grain）：

从苦橙的枝叶中提取的精油。

嗅觉金字塔（Piramide olfattiva）：

这是一种金字塔形状的模式化图形，顶部是最不稳定的香调，称为前调，其次是中调，具有适中的持久性，最后是尾调，其香味更加持久，并具有稳定的力量。

小众香水或艺术香水（Profumeria di nicchia o artistica）：

与商业香水不同，小众或艺术香水受市场规则限制较少，它不通过传统渠道做广告，甚至一般不会在广告短片中宣传。艺术香水的调香师享有更大的自由，并且所使用的原材料通常质量非常高，这就是为什么它往往比其商业同类产品更昂贵一些。

余香（Sillage）：

穿戴香水的人所留下的嗅觉痕迹。

参考文献

主要文献

AFTEL, Mandy, *Essenze e alchimia. Il libro dei profumi*, Garzanti, Milano 2006.

BARILLÉ, Elisabeth e Laroze, Catherine, *The Book of Perfume*, Flammarion, Paris–New York 1995.

BIRNBAUM, Molly, *Season to Taste: How I Lost My Sense of Smell and Found My Way*, Portobello, London 2011.

BURR, Chandler, *The Emperor of Scent: A True Story of Perfume and Obsession*, Arrow Books, London 2002; *The Perfect Scent: A Year Inside the Perfume Industry in Paris and New York*, Picador, New York 2007.

CAVALIERI, Rosalia, *Il naso intelligente. Che cosa ci dicono gli odori*, Editori Laterza, Roma–Bari 2009.

CORBIN, Alain, *Le miasme et la jonquille: l'odorat et l'imaginaire social XVIIIe – XIXe siècles*, Aubier Montaigne, Paris 1982.

DEFEYDEAU, Élisabeth, *Les parfums. Histoire, anthologie, dictionnaire*, Robert Laffont, Paris 2011.

DUGAN, Holly, *The Ephemeral History of Perfume: Scent and Sense in Early Modern England*, Johns Hopkins University Press, Baltimore 2011.

ELLENA, Jean-Claude, *Atlante di botanica profumata*, Ippocampo,

Milano 2021; *Perfume: The Alchemy of Scent*, Arcade Publishing, New York 2011.

FARMER, Steven, *Strange Chemistry. The Stories Your Chemistry Teacher Wouldn' t Tell You*, Hoboken, Wiley 2017.

GENDERS, Roy, *A History of Scent*, Hamilton, London 1972.

GILBERT, Avery, *What the Nose Knows: The Science of Scent in Everyday Life*, Crown Publishers, New York 2008.

GUY, Robert, *Les sens du parfum. I sensi e l' essenza del profumo*, Franco Angeli, Milano 2003.

HENSHAW, Victoria, *Urban Smellscapes: Understanding and Designing City Smell Environments*, Routledge, London 2014.

HERMAN, Barbara, *Scent & Subversion: Decoding a Century of Provocative Perfume*, Lyons Press, Guilford 2013.

HERZ, Rachel *That' s Disgusting: Unraveling the Mysteries of Repulsion*, Norton & Co, New York 2013; *The Scent of Desire: Discovering Our Enigmatic Sense of Smell*, Harper Collins Publisher, New York 2007.

LASZLO, Pierre, *Gli odori ci parlano?*, Barbera Editore, Siena 2004.

LE GUÉRER, Annick, *I poteri dell' odore*, Bollati Boringhieri, Torino 2004.

LUCHERONI, Maria Teresa e Padrini, Francesco, *Aromaterapia*, Fabbri Editori, Milano 2001.

MARTONE, Giorgia, *La grammatica dei profumi*, Gribaudo, Milano 2019.

MORAN, Jan, *Vintage Perfumes*, Sunny Palms Press, New York 2015.

RINDISBACHER, Hans, *The Smell of Books: A Cultural-Historical Study of Olfactory Perception in Literature*, University of Michigan Press, Ann Arbor 1992.

Roques, Dominique, *Cueilleurs d'essences. Aux sources des parfums du monde*, Bernard Grasset, Paris 2021.

SELL, Charles S., *The Chemistry of Fragrances: From Perfumer to Consumer*, Royal Society of Chemistry, Cambridge 2015.

SHAW, Barney, *The Smell of Fresh Rain: The Unexpected Pleasures of Our Most Elusive Sense*, Icon, London 2017.

SHINER, Larry, *Art Scents: Exploring the Aesthetics of Smell and the Olfactory Arts*, Oxford University Press, Oxford 2020.

TOLLER, Steve Van e Dodd, George H., *Perfumery: The psychology and biology of fragrance*, Chapman and Hall, London 1988.

TURIN, Luca e Sanchez, Tania, *Perfumes, The Guide 2018*, Perfüuümista OÜ, Tallinn 2018.

WORWOOD, Valerie Ann, *The Fragrant Mind: Aromatheraphy for Personality, Mind, Mood and Emotion*, Doubleday, London 1995; *The Fragrant Pharmacy: A Home and Health Care Guide to Aromatherapy and Essential Oils*, Bantam Books, Toronto–London 1990.

气味与文学

AA.VV., *Dear Scott, Dearest Zelda: The Love Letters of F. Scott and Zelda Fitzgerald*, Bloomsbury, London 2003.

BASHŌ, Matsuo, *Opera completa*.

ACHMATOVA, Anna, *La corsa del tempo*, Einaudi, Torino 1992.

ARGUEDAS, José María, *El horno viejo*, in *Obras completas*, Editorial Horizonte, Lima 1983.

ARISTOFANE, *I cavalieri*.

ARTUSI, Pellegrino, *La scienza in cucina e l'arte di mangiar bene*.

BULGAKOV, Michail, *Il maestro e Margherita*.

BAUDELAIRE, Charles, *Corrispondenze, I fiori del male; Il flacone*.

BOURAOUI, Nina, *Mes mauvaises pensées*, Gallimard, Paris 2007.

BRADBURY, Ray, *Cronache marziane*, Mondadori, Milano 2016.

BRONTË, Charlotte, *Jane Eyre*.

BRYANT, Ellen, *Headwaters: Poems*, W.W. Norton & Company, New York 2013.

BYRON, George Gordon, *Sardanapalo*.

Campbell, Joseph, *L'eroe dai mille volti*, Lindau, Torino 2016.

CIANI FORZA, Daniela e Francescato, Simone, *Il profumo della letteratura*, Skira, Milano 2014.

COCTEAU, Jean, *Le cirque*, in *Portraits-souvenir*, Grasset, Paris 1935.

D'ANNUNZIO, Gabriele, *Alcyone; Canto Novo*.

DAWES, Kwame, *Ode to the Clothesline*, in *Poetry magazine*, aprile 2018.

DE NOAILLES, Anna, *Les Forces Eternelles*.

DICK, Philip K., *In terra ostile*, Fanucci, Roma 2013.

DUDLEY, Ernest, *For Love of a Wild Thing*, Paul S. Eriksson, New York 1974.

DUMAS, Alexandre, *Grand dictionnaire de cuisine*.

EMMERICH, Fernando, *El desvan y el viento*, Editorial Andrés Bello, Santiago del Chile 1948.

FLAUBERT, Gustave, *Memorie di un folle*.

FRANKLIN, Benjamin, *The Writings of Benjamin Franklin*.

GARCÍA LORCA, Federico, *Comedia sin título*.

GOETHE, Johann Wolfgang von, *Götz di Berlichingen*.

GOSSE, Edmund, *The Collected Poems of Edmund Gosse*.

HAFIZ, *Divan*.

HARRIS, Joanne, *Chocolat*, Garzanti, Milano 2012.

HEMINGWAY, Ernest, *Morte nel pomeriggio*, Mondadori, Milano 2018; *Per chi suona la campana*, Mondadori, Milano 1996.

HESSE, Hermann, *Il lupo della steppa*, Mondadori, Milano 2016.

HOOKS, William H., *Moss Gown*, Clarion Books, New York 1987.

HUYSMANS, Joris-Karl, *Controcorrente*.

HUXLEY, Aldous, *Il mondo nuovo*, Mondadori, Milano 2016; *Il tempo si deve fermare*, Mondadori, Milano 1976; *Le porte della percezione*, Mondadori, Milano 2013.

JODOROWSKY, Alejandro, *Quando Teresa si arrabbiò con Dio*, Feltrinelli, Milano 2008.

JOYCE, James, *Ritratto dell'artista da giovane*.

KEROUAC, Jack, *Sulla strada*, Mondadori, Milano 1989.

LAPCHAROENSAP, Rattawut, *At the café lovely*, in *Sightseeing*, Grove Press, New York 2005.

LAZZARI TURCO, Giulia, *Il piccolo focolare*.

LEWIS, SINCLAIR, *Da noi non può succedere*, Passigli, Firenze 2020.

LOWELL, Amy, *Legends*.

MURAKAMI, Haruki, *Kafka sula spiaggia*, Einaudi, Torino 2013; *L'incolore Tazaki Tsukuru e i suoi anni di pellegrinaggio*, Einaudi, Torino 2017; *Vento & Flipper*, Einaudi, Torino 2016.

NABOKOV, Vladimir, *I bastardi*, Rizzoli, Milano 1967.

NIETZSCHE, Friedrich, *La gaia scienza*.

OKAKURA, Kakuzō, *Libro del tè*.

ORAZIO, *Odi*.

ORWELL, George, *1984*.

PARRA, Ángel, *El clandestino de la casa roja*, Catalonia, Santiago del Chile 2008.

PROUST, Marcel, *Alla ricerca del tempo perduto*.

RILKE, Rainer Maria, *Lettere su Cézanne*.

RHYS, Jean, *Il grande mare dei Sargassi*, Adelphi, Milano 2013.

RIVAZ, Tarannum, *The Scent of Old Books*, in *Indian Literature*, vol. 47, n. 3 (215), maggio-giugno 2003, p. 80 (traduzione dall'urdu di Jaipal Nangia).

ROBBINS, Tom, *Profumo di Jitterbug*, Mondadori, Milano 1985.

SENDER, Ramón José, *Bizancio*, Montesinos, Vilassar de Dalt 2010.

SENOFONTE, *Simposio*.

SHAKESPEARE, William, *Antonio e Cleopatra*; *Otello*; *Romeo e Giulietta*.

SÜSKIND, Patrick, *Il profumo*, TEA, Milano 1988.

UPDIKE, John, *The Dogwood Tree: A Boyhood*, in *Assorted Prose*, Random House, New York 2012; *When Everyone Was Pregnant*, in *Collected Early Stories*, Library of America, 2013.

VAILLAND, Roger, *La truite*, Gallimard, Paris 2001.

VÁZQUEZ Montalbán, Manuel, *Milenio Carvalho – 1. Rumbo a Kabul*.

ZAFÓN, Carlos Ruiz, *Il gioco dell'angelo*, Mondadori, Milano 2016.

ZEPEDA, Ofelia, *Where Clouds Are Formed*, University of Arizona Press, Tucson 2008.

ZWEIG, Stefan, *Bruciante segreto*.

WILDE, Oscar, *Il ritratto di Dorian Gray*.

WITTGENSTEIN, Ludwig, *Ricerche filosofiche*.

WOOLF, Virginia, *Flush*.

其他书籍

AA.VV., *Il costruttore, trattato pratico delle costruzioni civili, industriali e pubbliche*, vol. IV, G–MA, Vallardi, Milano 1899.

AA.VV., *Il libro del vino. Manuale teorico & pratico*, Gambero Rosso Editore, Roma 2004.

AA.VV., *Il manuale del sommelier*, Hoepli, Milano 2014.

ACKERMAN, Diane, *A Natural History of the Senses*, Phoenix, London 1996.

ANDERSON, Jennifer Lea, *An Introduction to Japanese Tea Ritual*,

State University of New York Press, Albany 1991.

BRILLAT-SAVARIN, Anthelme, *La fisiologia del gusto*.

BRINKLEY, Douglas, *Windblown World: The Journals of Jack Kerouac, 1947–1954*, Penguin, New York–London 2004.

COPLEY, Paul, *Marketing Communication Management: Analysis, Planning, Implementation*, SAGE Publication, Los Angeles 2014.

CORBIN, Alain, *Historien du sensible: Entretiens avec Gilles Heuré*, La Découverte, Paris 2000.

CRANE, Eva, *The Archaeology of Beekeeping*, Duckworth, London 1983; *The World History of Beekeeping and Honey Hunting*, Duckworth, London 1999.

DEIANA, Roberta, *Oli essenziali in cucina*, Tecniche Nuove, Milano 2010.

DOBZHANSKY Coe, Sophie e Coe, Michael D., *The True History of Chocolate*, Thames and Hudson, London 2007.

EVANS, Robert, *A Brief History of Vice: How Bad Behavior Built Civilization*, Penguin, New York 2016.

FERRARA, Mark S., *Sacred Bliss: A Spiritual History of Cannabis*, Rowman & Littlefield, Lanham 2016.

FISHER, Mary Frances Kennedy, *The Art of Eating*, Faber and Faber, London 1963.

FOLEY, Hugh e Matlin, Margaret, *Sensation and Perception*, Taylor and Francis, New York 1988.

GRIFFITHS, John Charles, *Tea: The Drink that Changed the World*, André Deutsch, London 2007.

HINSCH, Bret, *The Ultimate Guide to Chinese Tea 2008*, White Lotus, Chon Buri 2008.

HIRSCH, Alan R., *Neurological Malingering*, CRC Press, Boca Raton 2018.

HOROWITZ, Alexandra, *Being a Dog: Following the Dog Into a World of Smell*, Scribner, New York 2016.

KEOKE, Emory Dean e Porterfield, Kay Marie, *Encyclopedia of American Indian Contributions to the World: 15.000 Years of Inventions and Innovations*, Checkmark Books, New York 2009.

KIELY, Robert, *Reverse Tradition: Postmodern Fictions and the Nineteenth Century Novel*, Harvard University Press, Harvard 1993.

KIM, W. Chan e Mauborgne, Renée, *Strategia Oceano Blu. Vincere senza competere*, Rizzoli Etas, Milano 2015.

KIPLE, Kenneth F., *The Cambridge World History of Food*, Cambridge University Press, Cambridge 2000.

La Sacra Bibbia, C.E.I.

LOMER, Kathryn, *Camera Obscura*, University of Queensland Press, St. Lucia 2008.

MAROLA, Luça, *Autofiorenti. Il primo manuale di coltivazione*, Officina di Hank, Genova 2021.

MARTIN, Scott C. (a cura di), *The SAGE Encyclopedia of Alcohol: Social, Cultural, and Historical Perspectives*, SAGE Publication, Thousand Oaks 2015.

MCQUAID, John, *Tasty: The Art and Science of What We Eat*, Scribner, New York 2016.

MOJO, Luigi, *Il respiro del vino*, Mondadori, Milano 2016.

MONTANARI, Massimo, *Produzione e consumo del cibo, accoglienza e ospitalità. Dal Medioevo al Seicento*, vol. 1, Laterza, Roma–Bari 2014.

PIERRON, Agnes, *Dictionnaire de la langue du cirque. Des mots dans la sciure*, Editions Stock, Paris 2003.

POZZATI, Chiara Rita, *Tabacco: vizio o virtù? Diffusione e consumo del tabacco nell'Europa dell'Ancien Régime*, Cristini Editore, Bergamo 2017.

QUINN, William, *Backstairs Billy: The Life of William Tallon, the Queen Mother's Most Devoted Servant*, The Robson Press, London 2015.

RÄTSCH, Christian, *Marijuana Medicine: A World Tour of the Healing and Visionary Powers of Cannabis*, AT Verlag, Arau 1998.

SCHNAKENBERG, Robert, *Secret Lives of Great Authors*, Quirk Books, Philadelphia 2008.

SCHROEDER, Andreas, *The Ozone Minotaur*, The Sono Nis Press, Vancouver 1969.

SHAW, Barney, *The Smell of Fresh Rain: the Unexpected Pleasures of Our Most Elusive Sense*, Icon Books, London 2007.

SOLMONSON, Lesley Jacobs, *Gin: A Global History*, Reaktion, London 2012.

UKERS, William H., *All About Coffee*, Adams Media, Avon 2012.

WARNER, Jessica, *Craze: Gin and Debauchery in an Age of Reason*, Basic Books, New York 2002.

WEXLER, Robert Freeman, *Circus of the Grand Design*, Wildside Press, Cabin John 2006.

WILLIAMS, Olivia, *Gin Glorious Gin: How Mother's Ruin Became the Spirit of London*, Haedline, London 2014.